22G101 图集应用系列丛书

22G101 图集应用
——平法钢筋算量

上官子昌 主编

中国建筑工业出版社

图书在版编目（CIP）数据

22G101图集应用. 平法钢筋算量/上官子昌主编
. —北京：中国建筑工业出版社，2022.10（2024.2重印）
（22G101图集应用系列丛书）
ISBN 978-7-112-27979-1

Ⅰ. ①2… Ⅱ. ①上… Ⅲ. ①钢筋混凝土结构-结构
计算 Ⅳ. ①TU375

中国版本图书馆CIP数据核字（2022）第176703号

本书根据《混凝土结构施工图平面整体表示方法制图规则和构造详图（现浇混凝土框架、剪力墙、梁、板）》22G101-1、《混凝土结构施工图平面整体表示方法制图规则和构造详图（现浇混凝土板式楼梯）》22G101-2、《混凝土结构施工图平面整体表示方法制图规则和构造详图（独立基础、条形基础、筏形基础、桩基础）》22G101-3三本最新图集以及现行最新的标准、规范编写而成。本书主要内容包括：平法钢筋算量的基本知识；独立基础；条形基础；筏形基础；柱构件；剪力墙构件；梁构件；板构件。具有很强的针对性和实用性。理论与实践相结合，力求简明、清晰地为广大学习者提供实用、高效的方法。

本书内容系统、细致、详尽，同时附加相关联的算法实例便于读者加强理解。可供结构、管理、施工、造价人员以及相关大中专院校的师生参考使用。

* * *

责任编辑：张 磊 郭 栋
责任校对：孙 莹

22G101图集应用系列丛书

22G101图集应用——平法钢筋算量

上官子昌 主编

*

中国建筑工业出版社出版、发行（北京海淀三里河路9号）

各地新华书店、建筑书店经销

霸州市顺浩图文科技发展有限公司制版

建工社（河北）印刷有限公司印刷

*

开本：787毫米×1092毫米 1/16 印张：13¼ 字数：300千字

2022年12月第一版 2024年2月第三次印刷

定价：49.00元

ISBN 978-7-112-27979-1

（39950）

本书编委会

主　编　上官子昌

参　编　韩　旭　　刘秀民　　吕克顺　　李冬云

　　　　张文权　　张　敏　　危　聪　　高少霞

　　　　隋红军　　殷鸿彬　　白雅君

前　言

平法，即建筑结构施工图平面整体设计方法，为山东大学陈青来教授首次提出。自1996 年 11 月第一本平法标准图集 96G101 发布实施以来，迄今已有 11 本平法标准图集相继被批准发布。使用"平法"设计施工图以后，极大地提高了结构设计的效率，绘图量大大减少，图纸更为直观和清晰地呈现在结构设计人员、施工人员和预算人员面前，这可以称得上是一次历史性的改革和突破。但是，要想真正看懂平法施工图的内容，领会平法制图的精神，还需要具备一定的混凝土结构设计、建筑抗震设计、建筑地基基础设计等相关知识，这些都需要我们的工程施工技术人员、预算人员和建筑工人不断学习和努力。

鉴于图集《混凝土结构施工图平面整体表示方法制图规则和构造详图（现浇混凝土框架、剪力墙、梁、板）》22G101-1（本书简称《22G101-1》）、《混凝土结构施工图平面整体表示方法制图规则和构造详图（现浇混凝土板式楼梯）》22G101-2（本书简称《22G101-2》）、《混凝土结构施工图平面整体表示方法制图规则和构造详图（独立基础、条形基础、筏形基础、桩基础）》22G101-3（本书简称《22G101-3》）、《混凝土结构施工钢筋排布规则与构造详图（现浇混凝土框架、剪力墙、梁、板）》18G901-1 以及国家标准《工程结构通用规范》GB 55001—2021、《建筑与市政地基基础通用规范》GB 55003—2021、《混凝土结构通用规范》GB 55008—2021 等进行了修改，本书第一版的相关内容已经不能适应发展的需要，故对本书进行了修订。本书配有电子课件可索取。

由于作者的学识和经验有限，虽经编者尽心尽力但书中仍难免存在疏漏或未尽之处，敬请有关专家和读者予以批评指正。

编者

2022 年 7 月

目　　录

1 平法钢筋算量的基本知识 ┈┈┈┈┈┈┈┈┈┈┈┈┈┈┈┈┈┈┈┈┈┈ 1
　1.1 钢筋基本知识 ┈┈┈┈┈┈┈┈┈┈┈┈┈┈┈┈┈┈┈┈┈┈┈┈┈┈ 1
　　1.1.1 钢筋的分类 ┈┈┈┈┈┈┈┈┈┈┈┈┈┈┈┈┈┈┈┈┈┈┈┈ 1
　　1.1.2 钢筋符号与标注 ┈┈┈┈┈┈┈┈┈┈┈┈┈┈┈┈┈┈┈┈┈ 3
　1.2 平法基础知识 ┈┈┈┈┈┈┈┈┈┈┈┈┈┈┈┈┈┈┈┈┈┈┈┈┈┈ 4
　　1.2.1 平法的概念 ┈┈┈┈┈┈┈┈┈┈┈┈┈┈┈┈┈┈┈┈┈┈┈┈ 4
　　1.2.2 平法的特点 ┈┈┈┈┈┈┈┈┈┈┈┈┈┈┈┈┈┈┈┈┈┈┈┈ 5
　　1.2.3 平法制图与传统图示方法的区别 ┈┈┈┈┈┈┈┈┈┈┈┈ 6
　1.3 老图集与22G101图集之间的区别 ┈┈┈┈┈┈┈┈┈┈┈┈┈┈ 7
　　1.3.1 G101平法图集发行状况 ┈┈┈┈┈┈┈┈┈┈┈┈┈┈┈┈ 7
　　1.3.2 新老图集不同之处 ┈┈┈┈┈┈┈┈┈┈┈┈┈┈┈┈┈┈┈ 8
　　1.3.3 22G101平法图集学习方法 ┈┈┈┈┈┈┈┈┈┈┈┈┈┈ 11

2 独立基础 ┈┈┈┈┈┈┈┈┈┈┈┈┈┈┈┈┈┈┈┈┈┈┈┈┈┈┈┈┈┈┈ 14
　2.1 独立基础平法识图 ┈┈┈┈┈┈┈┈┈┈┈┈┈┈┈┈┈┈┈┈┈┈┈ 14
　　2.1.1 《22G101》独立基础平法识图学习方法 ┈┈┈┈┈┈┈ 14
　　2.1.2 独立基础平法识图 ┈┈┈┈┈┈┈┈┈┈┈┈┈┈┈┈┈┈┈ 14
　2.2 独立基础钢筋构造 ┈┈┈┈┈┈┈┈┈┈┈┈┈┈┈┈┈┈┈┈┈┈┈ 20
　　2.2.1 独立基础的钢筋种类 ┈┈┈┈┈┈┈┈┈┈┈┈┈┈┈┈┈┈ 20
　　2.2.2 独立基础底板底部钢筋构造 ┈┈┈┈┈┈┈┈┈┈┈┈┈┈ 20
　　2.2.3 普通独立基础带短柱竖向尺寸及钢筋 ┈┈┈┈┈┈┈┈┈ 23
　　2.2.4 多柱独立基础底板顶部钢筋 ┈┈┈┈┈┈┈┈┈┈┈┈┈┈ 23
　2.3 独立基础钢筋实例计算 ┈┈┈┈┈┈┈┈┈┈┈┈┈┈┈┈┈┈┈┈ 25
　　2.3.1 独立基础底板底部钢筋 ┈┈┈┈┈┈┈┈┈┈┈┈┈┈┈┈┈ 25
　　2.3.2 多柱独立基础底板顶部钢筋 ┈┈┈┈┈┈┈┈┈┈┈┈┈┈ 28

3 条形基础 ┈┈┈┈┈┈┈┈┈┈┈┈┈┈┈┈┈┈┈┈┈┈┈┈┈┈┈┈┈┈┈ 30
　3.1 条形基础平法识图 ┈┈┈┈┈┈┈┈┈┈┈┈┈┈┈┈┈┈┈┈┈┈┈ 30
　　3.1.1 《22G101》条形基础平法识图学习方法 ┈┈┈┈┈┈┈ 30
　　3.1.2 条形基础基础梁平法识图 ┈┈┈┈┈┈┈┈┈┈┈┈┈┈┈ 30
　　3.1.3 条形基础底板的平法识图 ┈┈┈┈┈┈┈┈┈┈┈┈┈┈┈ 36

3.2 条形基础钢筋构造 38
  3.2.1 基础梁 JL 钢筋构造 38
  3.2.2 条形基础底板钢筋构造 43
3.3 条形基础钢筋实例计算 52
  3.3.1 基础梁 JL 钢筋计算实例 52
  3.3.2 条形基础底板钢筋计算实例 58

4 筏形基础 65
4.1 筏形基础平法识图 65
  4.1.1 《22G101》筏形基础平法识图学习方法 65
  4.1.2 基础主/次梁平法识图 65
  4.1.3 筏形基础平板平法识图 72
  4.1.4 平板式筏形基础识图 75
  4.1.5 筏形基础相关构件平法识图 77
4.2 筏形基础钢筋构造 77
  4.2.1 基础主梁 JL 钢筋构造 79
  4.2.2 基础次梁 JCL 钢筋构造 87
  4.2.3 梁板式筏形基础平板 LPB 钢筋构造 92
4.3 筏形基础钢筋实例计算 97
  4.3.1 基础主梁 JL 钢筋计算实例 97
  4.3.2 基础次梁 JCL 钢筋计算实例 103
  4.3.3 梁板式筏基平板 LPB 钢筋计算实例（一般情况） 105

5 柱构件 108
5.1 柱构件平法识图 108
  5.1.1 《22G101》柱构件平法识图学习方法 108
  5.1.2 柱构件平法识图 108
5.2 框架柱构件钢筋构造 113
  5.2.1 基础内柱插筋构造 114
  5.2.2 地下室框架柱钢筋构造 115
  5.2.3 中间层柱钢筋构造 117
  5.2.4 顶层柱钢筋构造 120
  5.2.5 框架柱箍筋构造 124
5.3 框架柱构件钢筋实例计算 125

6 剪力墙构件 129
6.1 剪力墙构件平法识图 129
  6.1.1 《22G101》剪力墙构件平法识图学习方法 129

    6.1.2　剪力墙构件平法识图 ·································· 129

  6.2　剪力墙构件钢筋构造 ·· 134

    6.2.1　墙身钢筋构造 ·· 134

    6.2.2　墙柱钢筋构造 ·· 142

    6.2.3　墙梁钢筋构造 ·· 143

  6.3　剪力墙构件钢筋实例计算 ···································· 146

7　梁构件 ·· 149

  7.1　梁构件平法识图 ·· 149

    7.1.1　《22G101》梁构件平法识图学习方法 ·············· 149

    7.1.2　梁构件平法识图 ·· 150

  7.2　梁构件钢筋构造 ·· 158

    7.2.1　梁构件的钢筋骨架 ······································ 159

    7.2.2　楼层框架梁钢筋构造 ···································· 159

    7.2.3　屋面框架梁 WKL 钢筋构造 ····························· 169

    7.2.4　非框架梁 L 及井字梁 JZL 钢筋构造 ···················· 171

  7.3　梁构件钢筋实例计算 ·· 173

    7.3.1　KL 钢筋计算实例 ······································· 173

    7.3.2　WKL 钢筋计算实例 ····································· 175

    7.3.3　L 钢筋计算实例 ··· 177

8　板构件 ·· 179

  8.1　板构件平法识图 ·· 179

    8.1.1　《22G101》板构件平法识图学习方法 ·············· 179

    8.1.2　有梁楼盖板平法识图 ···································· 179

  8.2　现浇板（楼板/屋面板）钢筋构造 ······························ 187

    8.2.1　板底筋钢筋构造 ·· 187

    8.2.2　板顶筋钢筋构造 ·· 190

    8.2.3　支座负筋构造 ·· 193

    8.2.4　其他钢筋 ·· 193

  8.3　板构件钢筋实例计算 ·· 195

    8.3.1　板底筋计算实例 ·· 195

    8.3.2　板顶筋计算实例 ·· 196

    8.3.3　支座负筋计算实例 ······································ 197

参考文献 ·· 201

1 平法钢筋算量的基本知识

1.1 钢筋基本知识

1.1.1 钢筋的分类

钢筋按生产工艺分为：热轧钢筋、冷拉钢筋、冷拔钢丝、热处理钢筋、光面钢丝、螺旋肋钢丝、刻痕钢丝和钢绞线、冷轧扭钢筋、冷轧带肋钢筋。

钢筋按轧制外形分为：光圆钢筋、螺纹钢筋（螺旋纹、人字纹）。

1. 热轧钢筋

热轧钢筋是低碳钢、普通低合金钢在高温状态下轧制而成。钢筋强度提高，其塑性降低。热轧钢筋分为光圆钢筋和热轧带肋钢筋两种，月牙肋钢筋表面及截面形状如图 1-1-1 所示。

2. 冷轧钢筋

冷轧钢筋是热轧钢筋在常温下通过冷拉或冷拔等方法冷加工而成。钢筋经过冷拉和时效硬化后，能提高屈服强度，但它的塑性有所降低，已逐渐淘汰。

钢丝是用高碳镇静钢轧制成圆盘后经过多道冷拔，并进行应力消除、矫直、回火处理而成。

划痕钢丝是在光面钢丝的表面上进行机械刻痕处理，以增加与混凝土的粘结能力。

图 1-1-1 月牙肋钢筋表面及截面形状

3. 余热处理钢筋

余热处理钢筋是经热轧后立即穿水，进行表面控制冷却，然后利用芯部余热自身完成回火等调质工艺处理所得的成品钢筋，热处理后钢筋强度得到较大提高而塑性降低并不多。

4. 冷轧带肋钢筋

冷轧带肋钢筋是热轧圆盘条经冷轧在其表面冷轧成三面或二面有肋的钢筋。冷轧带肋钢筋的牌号自 CRB 和钢筋的抗拉强度最小值构成。C、R、B 分别为冷轧（Cold rolled）、带肋（Ribbed）、钢筋（Bar）三个词的英文首位大写字母。冷轧带肋钢筋分为 CRB550、CRB650、CRB800、CRB970 四个牌号。CRB550 为普通钢筋混凝土用钢筋，其他牌号为预应力混凝土用钢筋。

CRB550 钢筋的公称直径范围为 4~12mm。CRB650 及以上牌号的公称直径为 4mm、5mm、6mm。

冷轧带肋钢筋的外形肋呈月牙形，横肋沿钢筋截面周圈上均匀分布，其中三面肋钢筋有一面肋的倾角必须与另两面反向，二面肋钢筋一面肋的倾角必须与另一面反向。横肋中心线和钢筋轴线夹角 β 为 40°~60°。肋两侧面和钢筋表面斜角 α 不得小于 45°，横肋与钢筋表面呈弧形相交。横肋间隙的总和应不大于公称周长的 20%（图 1-1-2）。

截面放大 $A—B$

图 1-1-2　冷轧带肋钢筋表面及截面形状

5. 冷轧扭钢筋

冷轧扭钢筋是用低碳钢钢筋（含碳量低于 0.25%）经冷轧扭工艺制成，其表面呈连续螺旋形（图 1-1-3）。这种钢筋具有较高的强度，而且有足够的塑性，与混凝土粘结性能优异，代替 HPB300 级钢筋可节约钢材约 30%。一般用于预制钢筋混凝土圆孔板、叠合板中的预制薄板以及现浇钢筋混凝土楼板等。

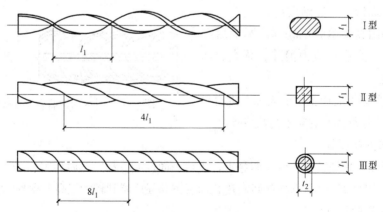

图 1-1-3　冷轧扭钢筋表面及截面形状

6. 冷拔螺旋钢筋

冷拔螺旋钢筋是热轧圆盘条经冷拔后在表面形成连续螺旋槽的钢筋。冷拔螺旋钢筋的外形见图 1-1-4。冷拔螺旋钢筋的生产，可利用原有的冷拔设备，只需增加一个专用螺旋装置与陶瓷模具。该钢筋具有强度适中、握裹力强、塑性好、成本低等优点，可用于钢筋混凝土构件中的受力钢筋，以节约钢材；用于预应力空心板可提高延性，改善构件使用性能。

图 1-1-4 冷拔螺旋钢筋表面及截面形状

7. 钢绞线

钢绞线是由沿一根中心钢丝成螺旋形绕在一起的公称直径相同的钢丝构成（图 1-1-5）。常用的有 1×3 和 1×7 标准型。

预应力钢筋宜采用预应力钢绞线、钢丝，也可采用热处理钢筋。

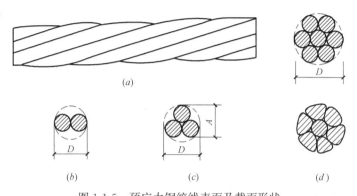

图 1-1-5 预应力钢绞线表面及截面形状

（a）1×7 钢绞线；（b）1×2 钢绞线；（c）1×3 钢绞线；（d）模拔钢绞线

1.1.2 钢筋符号与标注

《混凝土结构设计规范》（GB 50010—2010，2015 年版）及 22G101 图集中将钢筋种类分为 HPB300、HRB400（HRBF400、RRB400）、HRB500（HRBF500）三种级别。在结构施工图中，为了区别每一种钢筋的级别，每一个等级用一种符号来表示，如：HPB300 级用代号Φ表示，HRB400 级用代号Φ表示，HRB500 级用代号Φ表示。

在结构施工图中，结构构件的钢筋表达一般有以下三种标注方法：

（1）标注钢筋的根数、直径和等级。如 4Φ25：4 表示钢筋的根数，25 表示钢筋的直径，Φ表示钢筋等级为 HRB400 钢筋。

（2）标注钢筋的等级、直径和相邻钢筋中心距。如Φ10@100：10 表示钢筋直径，@为相等中心距符号，100 表示相邻钢筋中心的距离，Φ表示钢筋等级为 HPB300 钢筋。

（3）标注钢筋的根数、直径、等级和中心距。如 9Φ10@100：就是把（1）、（2）两种标注方式同时应用。

上述三种标注方式中，方式（1）主要用于梁、柱构件；方式（2）用于板、墙配筋和梁、柱箍筋；至于方式（3）应用较少，一般用于钢筋根数不多、分布尺寸又不便于标注的位置。

1.2 平法基础知识

1.2.1 平法的概念

建筑结构施工图平面整体表示方法（简称平法），对目前我国混凝土结构施工图的设计表示方法作了重大改革，被国家科委和建设部列为科技成果重点推广项目。

平法的表达形式，概括来讲，就是把结构构件的尺寸和配筋等信息，按照平面整体表示方法制图规则，直接表达在各类构件的结构平面布置图上，再与标准构造详图相配合，即构成一套新型完整的结构设计。改变了传统的那种将构件从结构平面布置图中索引出来，再逐个绘制配筋详图、画出钢筋表的烦琐方法。

按平法绘制的施工图，一般是由两大部分构成，即各类结构构件的平法施工图和标准构造详图，但对于复杂的建筑工程，尚需增加模板、预埋件和开洞等平面图。只有在特殊情况下，才需增加剖面配筋图。

按平法绘制结构施工图时，应明确下列几个方面的内容：

（1）必须根据具体工程设计，按照各类构件的平法制图规则，在按结构（标准）层绘制的平面布置图上直接表示各构件的尺寸、配筋。结构施工图的编排，宜按基础、柱、剪力墙、梁、板、楼梯及其他构件的顺序排列。

（2）应将所有柱、剪力墙、梁和板等构件进行编号，编号中含有类型代号和序号等。其中，类型代号的主要作用是指明所选用的标准构造详图；在标准构造详图上，已经按其所属构件类型注明代号，以明确该详图与平法施工图中该类型构件的互补关系，使两者结合构成完整的结构设计施工图。

（3）应采用表格或其他方式注明包括地下和地上各层的结构层楼面标高、结构层高及相应的结构层号。

结构层楼面标高和结构层高在单项工程中必须统一，以保证基础、柱与墙、梁、板、楼梯等用同一标准竖向定位。为施工方便，宜将统一的结构层楼面标高和结构层高分别放在柱、墙、梁等各类构件的平法施工图中。

注：结构层楼面标高是指将建筑图中的各层地面和楼面标高值扣除建筑面层及垫层做法厚度后的标高，结构层号应与建筑楼层号对应一致。

（4）按平法绘制施工图，为了能够保证施工员准确无误地按平法施工图进行施工，在具体工程施工图中必须写明下列与平法施工图密切相关的内容：

1）选用平法标准图的图集号；

2）混凝土结构的设计工作年限；

3）有无抗震设防要求；

4）写明结构不同部位所处的环境类别及各类构件的混凝土保护层厚度；

5）写明各类构件在不同部位所选用的混凝土强度等级和钢筋种类，以确定相应纵向受拉钢筋的最小搭接长度及最小锚固长度等；

6）写明柱（包括墙柱）纵向钢筋、墙身分布钢筋、梁上部贯通钢筋等在具体工程中需接长时所采用的连接形式及有关要求。必要时，尚应注明对接头的性能要求；

7）当标准构造详图有多种可选择的构造做法时，施工图中应写明在何部位选用何种构造做法。当没有写明时，则按设计人员自动授权施工人员可以任选一种构造做法进行施工处理；

8）对混凝土保护层厚度有特殊要求时，写明不同部位的构件所处的环境类别在平面布置图上表示各构件配筋和尺寸的方式，分平面注写方式、截面注写方式和列表注写方式三种。

1.2.2 平法的特点

六大效果验证"平法"的科学性，从1991年10月"平法"首次运用于济宁工商银行营业楼，到此后的三年在几十项工程设计上的成功实践，"平法"的理论与方法体系向全社会推广的时机已然成熟。1995年7月26日，在北京举行了由建设部组织的"《建筑结构施工图平面整体设计方法》科研成果鉴定"。会上，我国结构工程界的众多知名专家对"平法"的六大效果一致认同，这六大效果如下：

1. 掌握全局

"平法"使设计者容易进行平衡调整，易校审，易修改，改图可不牵连其他构件，易控制设计质量；"平法"能适应业主分阶段分层提图施工的要求，也能适应在主体结构开始施工后又进行大幅度调整的特殊情况。"平法"分结构层设计的图纸与水平逐层施工的顺序完全一致，对标准层可实现单张图纸施工，施工工程师对结构比较容易形成整体概念，有利于施工质量管理。平法采用标准化的构造详图，形象、直观，施工易懂、易操作。

2. 更简单

"平法"采用标准化的设计制图规则，结构施工图表达符号化、数字化，单张图纸的信息量较大并且集中；构件分类明确，层次清晰，表达准确，设计速度快，效率成倍提高。

3. 更专业

标准构造详图可集国内较可靠、成熟的常规节点构造之大成，集中分类归纳后编制成国家建筑标准设计图集供设计选用，可避免反复抄袭构造做法及伴生的设计失误，确保节点构造在设计与施工两个方面均达到高质量。另外，对节点构造的研究、设计和施工实现专门化提出了更高的要求。

4. 高效率

"平法"大幅度提高设计效率可以立竿见影，能快速解放生产力，迅速缓解基本建设高峰时期结构设计人员紧缺的局面。在推广平法比较早的建筑设计院，结构设计人员与建筑设计人员的比例已明显改变，结构设计人员在数量上已经低于建筑设计人员，有些设计院结构设计人员只是建筑设计人员的二分之一至四分之一，结构设计周期明显缩短，结构设计人员的工作强度已显著降低。

5. 低能耗

"平法"大幅度降低设计消耗，降低设计成本，节约自然资源。平法施工图是定量化、有序化的设计图纸，与其配套使用的标准设计图集可以重复使用，与传统方法相比图纸量减少 70% 左右，综合设计工日减少 2/3 以上，每 10 万 m² 设计面积可降低设计成本 27 万元，在节约人力资源的同时还节约了自然资源。

6. 改变用人结构

"平法"促进人才分布格局的改变，实质性地影响了建筑结构领域的人才结构。设计单位对土木工程专业大学毕业生的需求量已经明显减少，为施工单位招聘结构人才留出了相当空间，大量土木工程专业毕业生到施工部门择业逐渐成为普遍现象，使人才流向发生了比较明显的转变，人才分布趋向合理。随着时间的推移，高校培养的大批土建高级技术人才必将对施工建设领域的科技进步产生积极作用。促进人才竞争，"平法"促进结构设计水平的提高，促进设计院内的人才竞争。设计单位对年度毕业生的需求有限，自然形成了人才的就业竞争，竞争的结果自然应为比较优秀的人才有较多机会进入设计单位。长此以往，可有效提高结构设计队伍的整体素质。

1.2.3 平法制图与传统图示方法的区别

（1）如框架图中的梁和柱，在"平法制图"中的钢筋图示方法，施工图中只绘制梁、柱平面图，不绘制梁、柱中配置钢筋的立面图（梁不画截面图；而柱在其平面图上，只按编号不同各取一个在原位放大画出带有钢筋配置的柱截面图）。

（2）传统的框架图中梁和柱，既画梁、柱平面图，同时也绘制梁、柱中配置钢筋的立面图及其截面图；但在"平法制图"中的钢筋配置，省略不画这些图，而是去查阅《混凝土结构施工图平面整体表示方法制图规则和构造详图》。

（3）传统的混凝土结构施工图，可以直接从其绘制的详图中读取钢筋配置尺寸，而"平法制图"则需要查找相应的详图——《混凝土结构施工图平面整体表示方法制图规则和构造详图》中相应的详图；而且，钢筋的大小尺寸和配置尺寸，均以"相关尺寸"（跨度、钢筋直径、搭接长度、锚固长度等）为变量的函数来表达，而不是具体数字。借此用来实现其标准图的通用性。概括地说，"平法制图"使混凝土结构施工图的内容简化了。

（4）柱与剪力墙的"平法制图"，均以施工图列表注写方式，表达其相关规格与尺寸。

（5）"平法制图"中的突出特点，表现在梁的"原位标注"和"集中标注"上。"原位标注"概括地说分两种：标注在柱子附近处且在梁上方，是承受负弯矩的箍筋直径和根数，其钢筋布置在梁的上部。标注在梁中间且下方的钢筋，是承受正弯矩的，其钢筋布置在梁的下部。"集中标注"是从梁平面图的梁处引铅垂线至图的上方，注写梁的编号、挑梁类型、跨数、截面尺寸、箍筋直径、箍筋肢数、箍筋间距、梁侧面纵向构造钢筋或受扭钢筋的直径和根数、通长筋的直径和根数等。如果"集中标注"中有通长筋时，则"原位标注"中的负筋数包含通长筋的数。

（6）在传统的混凝土结构施工图中，计算斜截面的抗剪强度时，在梁中配置 45° 或

60°的弯起钢筋。而在"平法制图"中，梁不配置这种弯起钢筋。而是由加密的箍筋来承受其斜截面的抗剪强度。

1.3 老图集与22G101图集之间的区别

1.3.1 G101平法图集发行状况

G101平法图集发行状况，见表1-3-1。

G101平法图集发行状况

表1-3-1

年份	大事记	说明
1995年7月	平法通过了建设部科技成果鉴定	
1996年6月	平法列为建设部一九九六年科技成果重点推广项目	
1996年9月	平法被批准为《国家级科技成果重点推广计划》	
1996年11月	《96G101》发行	《96G101》《00G101》《03G101-1》讲述的均是梁、柱、墙构件
2000年7月	《96G101》修订为《00G101》	
2003年1月	《00G101》依据国家2000系列混凝土结构新规范修订为《03G101-1》	
2003年7月	《03G101-2》发行	板式楼梯平法图集
2004年2月	《04G101-3》发行	筏形基础平法图集
2004年11月	《04G101-4》发行	楼面板及屋面板平法图集
2006年9月	《06G101-6》发行	独立基础、条形基础、桩基承台平法图集
2009年1月	《08G101-5》发行	箱形基础及地下室平法图集
2011年7月	《11G101-1》发行	混凝土结构施工图平面整体表示方法制图规则和构造详图(现浇混凝土框架、剪力墙、梁、板)
2011年7月	《11G101-2》发行	混凝土结构施工图平面整体表示方法制图规则和构造详图(现浇混凝土板式楼梯)
2011年7月	《11G101-3》发行	混凝土结构施工图平面整体表示方法制图规则和构造图(独立基础、条形基础、筏形基础及桩基承台)
2016年9月	《16G101-1》发行	混凝土结构施工图平面整体表示方法制图规则和构造详图(现浇混凝土框架、剪力墙、梁、板)
2016年9月	《16G101-2》发行	混凝土结构施工图平面整体表示方法制图规则和构造详图(现浇混凝土板式楼梯)
2016年9月	《16G101-3》发行	混凝土结构施工图平面整体表示方法制图规则和构造详图(独立基础、条形基础、筏形基础、桩基础)
2022年6月	《22G101-1》发行	混凝土结构施工图平面整体表示方法制图规则和构造详图(现浇混凝土框架、剪力墙、梁、板)

年份	大事记	说明
2022 年 6 月	《22G101-2》发行	混凝土结构施工图平面整体表示方法制图规则和构造详图(现浇混凝土板式楼梯)
2022 年 6 月	《22G101-3》发行	混凝土结构施工图平面整体表示方法制图规则和构造详图(独立基础、条形基础、筏形基础、桩基础)

注:因平法图集书名太长,表中采用编号+书名号的简写形式表示,本书后同。

1.3.2 新老图集不同之处

22G101 系统平法图集较 16G101 系列图集较大变化有:

1. 设计依据的变化

新平法图集 22G101-1~22G101-3 是按照新版规范对原 G101 系列图集中标准构造详图部分做了全面系统的修订和补充,并结合设计人员习惯对制图规则部分进行了优化。

(1) 16G101 图集依据:

1)《中国地震动参数区划图》GB 18306—2015;

2)《混凝土结构设计规范》GB 50010—2010 (2015 年版);

3)《建筑抗震设计规范》GB 50011—2010 (2016 年版);

4)《高层建筑混凝土结构技术规程》JGJ 3—2010;

5)《建筑结构制图标准》GB/T 50105—2010。

(2) 22G101 图集依据 (增加了 3 本通用规范):

1)《工程结构通用规范》GB 55001—2021;

2)《建筑与市政地基基础通用规范》GB 55003—2021;

3)《混凝土结构通用规范》GB 55008—2021;

4)《中国地震动参数区划图》GB 18306—2015;

5)《混凝土结构设计规范》GB 50010—2010 (2015 年版);

6)《建筑抗震设计规范》GB 50011—2010 (2016 年版);

7)《高层建筑混凝土结构技术规程》JGJ 3—2010;

8)《建筑结构制图标准》GB/T 50105—2010。

2. 适用范围变化

22G101-1 适用于抗震设防烈度为 6~9 度地区的现浇混凝土框架、剪力墙、框架-剪力墙和部分框支剪力墙等主体结构施工图的设计。包括基础顶面以上的现浇混凝土柱、剪力墙、梁、板(包括有梁楼盖和无梁楼盖)等构件的平法制图规则和标准构造详图两大部分。

22G101-2 适用于抗震设防烈度为 6~9 度地区的现浇钢筋混凝土板式楼梯。包括 14 种类型,其中 AT~GT 用于不参与主体结构抗震计算的楼梯,ATc 用于框架中参与主体结构抗震计算的楼梯,ATa、ATb、BTb、CTa、CTb、DTb 用于采取滑动措施减轻楼梯对主体(框架)影响的楼梯。

3. 编制说明部分变化

增加第 9 点说明：图集钢筋采用 90°弯折锚固时，图集图示"平直段长度"及"弯折段长度"均指包括弯弧在内的投影长度。还增加了图例说明。

4. 柱变化的点

（1）减少了"梁上柱"及"剪力墙上柱"两种柱类型代号，并将原 16G101-1 中的文字"梁上柱""剪力墙上柱"分别用"梁上起框架柱"和"剪力墙上起框架柱"进行替换。"注写方式示例"中也删除了"梁上柱"的相关内容。

（2）减少了标准柱箍筋类型编号。

（3）增加对轴心受拉或小偏心受拉柱、并筋设计的要求。

（4）增加了"单向穿层 KZ 箍筋加密区范围"及"双向穿层 KZ 箍筋加密区范围"构造详图。

（5）将原 16G101-1 中"剪力墙上柱 QZ 纵筋构造""梁上柱 LZ 纵筋构造"修改为"剪力墙上起柱 KZ 纵筋构造""梁上起柱 KZ 纵筋构造"，并标注了箍筋加密区范围。

（6）在"KZ 边柱和角柱柱顶纵向钢筋构造"中，给出了梁宽范围外钢筋伸入现浇板内锚固的图示，同时细化了附加钢筋大样。

（7）增加了非焊接圆形箍筋复合方式构造。

（8）将 KZ 边柱、角柱柱顶等截面伸出时，内侧纵筋水平长度由"12d"改为"15d"。

5. 剪力墙变化的点

（1）删除了原约束边缘构件尺寸标注时，"当约束边缘翼墙中沿墙肢长度尺寸为 $2b_f$ 时可不注"的文字注写规定。

（2）增加了连梁设置对角暗撑、交叉斜筋、对角斜筋的列表注写示例及截面注写示例。

（3）明确"配筋图中需注明约束边缘构件非阴影区内布置的拉筋或箍筋直径，与阴影区箍筋直径相同时，可不注"。

（4）明确剪力墙洞口表达时，应注明洞口所在层，设置补强暗梁时，应注明箍筋肢数。

（5）明确了地下室外墙水平钢筋位置。

（6）在"剪力墙截面注写方式示例"中，对仅编号但未注写钢筋的边缘构件进行了填充。

（7）取消了端部无暗柱时剪力墙水平分布钢筋端部做法。

（8）细化了"端柱翼墙（一）"大样图，给出了墙钢筋不贯通的做法。

（9）明确了剪力墙竖向分布钢筋及边缘构件钢筋，采用搭接连接构造时，钢筋与楼板（基础）顶面的距离≥0。

（10）增加了剪力墙及边缘构件，上层钢筋直径大于下层钢筋直径时的连接构造。

（11）增加了防震缝处墙局部构造。

（12）增加了剪力墙拉结筋排布构造详图。

（13）细化了"约束边缘暗柱（一）"墙体水平钢筋搭接要求。

（14）明确"构件边缘构件计入的墙体水平钢筋不应大于边缘构件箍筋总体积（含箍筋、拉筋及符合构造要求的水平分布筋）的50%"。

（15）连梁 LL 配筋构造规定：连梁的侧面纵向钢筋单独设置时，侧面纵向钢筋沿梁高度方向均匀布置。

6. 梁变化的点

（1）增加了当非框架梁 L 按受扭设计时的编号方法。

（2）增加了梁原位标注对"代号为 L 的非框架梁"及"局部带屋面的楼层框架梁（代号为 KL）"的注写要求。

（3）22G101-1 规定，非框架梁、井字梁，按简支设计时，弯锚"弯后的直段长度 12d"；原 16G101-1 规定，"弯折段投影长度 15d"。对受扭非框架梁亦有相似修改。

（4）增加了关于梁两端支座不一致；梁与剪力墙平面内、外相连；采用并筋时的构造要求。

（5）增加了"局部带屋面框架梁 KL 纵筋构造"图。

（6）在"框架梁水平加腋构造"中，增加了加密区不小于腋长 $c_1+0.5h_b$ 的要求。

（7）增加了"框架梁与剪力墙平面内、平面外连接构造"图。

（8）取消了非框架梁配筋构造中，关于光圆钢筋的相关内容。

（9）细化了受扭非框架梁 LN 纵筋构造。

（10）明确框架扁梁箍筋构造中，加密区长度计算中，l_{aE} 取值为核心区附加抗剪纵向钢筋 l_{aE}。

（11）增加了"框支梁 KZL 上部墙体边开洞加强做法"图。

7. 板及其他相关构造变化的点

（1）22G101-1 规定：梁板式转换层楼板，板下部纵筋在支座内的锚固长度不应小于 l_{aE}；原 16G101-1 为 l_a。

（2）删除了板面筋"隔一布一"方式中对钢筋直径的要求。

（3）22G101-1 规定，板上部纵筋按铰接设计时，弯锚"弯后直段长度 12d"；原 16G101-1 则规定"弯折段投影长度 15d"。

（4）22G101-1 规定，板上部纵筋在梁端支座按铰接设计或支承在剪力墙顶端节点充分利用钢筋抗拉强度时，弯锚"弯后直段长度 12d"；原 16G101-1 则规定弯锚"弯折段投影长度 15d"。

（5）悬挑板阴角附加筋 Cis 引注中，增加说明附加钢筋"自阴角位置向内分布"。

（6）增加了"柱上板带与柱、梁顶层连接"构造图。

（7）增加了"有柱帽柱上板带暗梁钢筋构造"图。

（8）增加了用于指出无梁楼盖的柱"KZ 纵向钢筋及箍筋构造"图。

8. 一般构造变化的点

（1）取消了（抗震设计时）受拉钢筋（基本）锚固长度要求中，关于 C20 混凝土及 HRB335、HRBF335 级钢筋的相关内容；明确受拉钢筋抗震锚固长度中，HPB300 钢筋末端应做 180°弯钩，混凝土强度等级取锚固区的混凝土强度等级。

（2）取消了"纵向钢筋弯钩与机械锚固形式"中，贴焊锚筋的做法。同时，增加了对 500MPa 级带肋钢筋的锚固要求。

（3）取消了关于受拉钢筋（抗震）搭接长度要求中，C20 混凝土及 HRB335、HRBF335 级钢筋的相关内容。

（4）增加了梁有两排纵筋的封闭箍筋、柱角部三根纵筋并筋的封闭箍筋构造。

（5）增加柱多排纵筋及并筋时，纵筋间距要求的构造。其中，c 为最外层钢筋的保护层厚度；c_1 为纵筋的保护层厚度，不应小于纵筋直径 d 或并筋的等效直径 d_{eq}。

1.3.3 22G101 平法图集学习方法

1. G101 平法图集的构成

每册 G101 平法图集由"平法制图规则"和"标准构造详图"两部分组成。

（1）平法制图规则

设计人员：绘制平法施工图的制图规则；

使用平法施工图的人员：阅读平法施工图的语言。

（2）标准构造详图

包括标准构造做法、钢筋算量的计算规则。

2. 22G101 平法图集

22G101 平法图集主要通过学习制图规则来识图，通过学习构造详图来了解钢筋的构造及计算。制图规则的学习，可以总结为以下三方面的内容：

（1）平法表达方式。指该构件按平法制图的表达方式，比如独立基础有平面注写、截面注写和列表注写。

（2）数据项。指该构件要标注的数据项，比如编号、配筋等。

（3）数据标注方式。指数据项的标注方式，比如集中标注和原位标注。

3. 22G101 平法图集的学习方法

本书将平法图集中的学习方法总结为：知识归纳和重点比较。

（1）知识归纳

1）以基础构件或主体构件为基础，围绕钢筋，对各构件平法表达方式，数据项，数据注写方式等进行归纳。

比如：独立基础平法制图知识体系，如图 1-3-1 所示。

2）对同一构件的不同种类钢筋进行整理。

比如：条形基础的钢筋种类知识体系，如图 1-3-2 所示。

图 1-3-1 独立基础平法制图知识体系

图 1-3-2 条形基础的钢筋种类知识体系

（2）重点比较

1）同类构件中，楼层与屋面、地下与地上等的重点比较

比如，基础主梁底部贯通纵筋在端部无外伸的构造，就有差别，通过这种差别可以帮助我们对照理解不同构件的钢筋构造。

图 1-3-3　同类构件比较示例

2）不同类构件，但同类钢筋的重点比较

比如，条形基础底板受力筋的分布筋，与现浇楼板屋面板的支座负筋分布筋可以重点比较。

2 独立基础

2.1 独立基础平法识图

2.1.1 《22G101》独立基础平法识图学习方法

独立基础构件的平法制图规则知识体系如图 2-1-1 所示。

图 2-1-1 独立基础知识体系

2.1.2 独立基础平法识图

1. 独立基础的平面注写方式

独立基础的平面注写方式是指直接在独立基础平面布置图上进行数据项的标注，可分为集中标注和原位标注两部分内容。如图 2-1-2 所示。

集中标注是在基础平面图上集中引注：基础编号、截面竖向尺寸、配筋三项必注内容，以及基础底面标高（与基础底面基准标高不同时）和必要的文字注解两项选注内容。

原位标注是在基础平面布置图上标注独立基础的平面尺寸。

2. 集中标注

（1）独立基础集中标注示意图

独立基础集中标注包括编号、截面竖向尺寸、配筋三项必注内容，见图 2-1-3。

（2）独立基础编号及类型

独立基础集中标注的第一项必注内容是基础编号，基础编号表示了独立基础的类型，可分为普通独立基础和杯口独立基础两类，各又分为阶形和锥形，见表 2-1-1。

图 2-1-2　独立基础平面注写方式

图 2-1-3　独立基础集中标注

（3）独立基础截面竖向尺寸

独立基础集中标注的第二项必注内容是截面竖向尺寸。下面按普通独立基础和杯口独立基础分别进行说明。

1）普通独立基础。注写 $h_1/h_2/\cdots\cdots$，具体标注为：

独立基础编号识图　　　　　　　　　　　　　　　表 2-1-1

类型	基础底板截面形式	示意图	代号	序号
普通独立基础	阶形		DJj	××
	锥形		DJz	××
杯口独立基础	阶形		BJj	××
	锥形		BJz	××

① 当基础为阶形截面时，见图 2-1-4。

图 2-1-4 阶形截面普通独立
基础竖向尺寸

【例】 当阶形截面普通独立基础 DJj××的竖向尺寸注写为 400/300/300 时，表示 $h_1=400mm$、$h_2=300mm$、$h_3=300mm$，基础底板总高度为 1000mm。

上例及图 2-1-4 为三阶；当为更多阶时，各阶尺寸自下而上用"/"分隔顺写。

当基础为单阶时，其竖向尺寸仅为一个，即为基础总高度，见图 2-1-5。

② 当基础为锥形截面时，注写为 h_1/h_2，见图 2-1-6。

图 2-1-5 单阶普通独立基础竖向尺寸

图 2-1-6 锥形截面普通独立基础竖向尺寸

【例】 当锥形截面普通独立基础 DJz××的竖向尺寸注写为 350/300 时，表示 $h_1=350mm$、$h_2=300mm$，基础底板总高度为 650mm。

2）杯口独立基础：

① 当基础为阶形截面时，其竖向尺寸分两组，一组表达杯口内，另一组表达杯口外，两组尺寸以"，"分隔，注写为：a_0/a_1，$h_1/h_2/\cdots\cdots$，其含义见示意图 2-1-7～图 2-1-10，其中 a_0 为杯口深度。

图 2-1-7 阶形截面杯口独立基础竖向尺寸（一）

图 2-1-8 阶形截面杯口独立基础竖向尺寸（二）

图 2-1-9 阶形截面高杯口独立
基础竖向尺寸（一）

图 2-1-10 阶形截面高杯口独立
基础竖向尺寸（二）

② 当基础为锥形截面时，注写为：a_0/a_1，$h_1/h_2/h_3/\cdots\cdots$，其含义见图 2-1-11 和图 2-1-12。

（4）独立基础编号及截面尺寸识图实例

独立基础的平法识图，是指根据平法施工图得出该基础的剖面形状尺寸，下面举例

图 2-1-11　锥形截面杯口
独立基础竖向尺寸

图 2-1-12　锥形截面高杯口
独立基础竖向尺寸

说明。

如图 2-1-13 所示，可看出该基础为阶形杯口基础，$a_0=1000mm$，$a_1=200mm$，$h_1=670mm$，$h_2=530mm$。再结合原位标注的平面尺寸，从而识图得出该独立基础的剖面形状尺寸，见图 2-1-14。

图 2-1-13　BJj1 平法施工图

图 2-1-14　BJj1 识图

（5）独立基础配筋

独立基础集中标注的第三项必注内容是配筋，如图 2-1-15 所示。独立基础的配筋有五种情况，见图 2-1-16。

图 2-1-15　独立基础配筋注写方式

图 2-1-16 独立基础配筋情况

1) 独立基础底板底部配筋

独立基础底板底部配筋表示方法可分为两种：

注写独立基础底板配筋。普通独立基础和杯口独立基础的底部双向配筋注写规定如下：

a. 以 B 代表各种独立基础底板的底部配筋。

b. x 向配筋以 X 打头、y 向配筋以 Y 打头注写；当两向配筋相同时，则以 X&Y 打头注写。

【例】 当独立基础底板配筋标注为：B：XΦ16@150，YΦ16@200；表示基础底板底部配置 HRB400 级钢筋，x 向钢筋直径为 16mm，间距 150mm；y 向钢筋直径为 16mm，间距 200mm。见图 2-1-17。

图 2-1-17 独立基础底板底部
双向配筋示意

图，设计不注。

2) 杯口独立基础顶部焊接钢筋网

以 Sn 打头引注杯口顶部焊接钢筋网的各边钢筋。见图 2-1-18（本图只表示钢筋网），表示杯口顶部每边配置 2 根 HRB400 级直径为 14mm 的焊接钢筋网。

双杯口独立基础顶部焊接钢筋网，见图 2-1-19（本图只表示钢筋网），表示杯口每边和双杯口中间杯壁的顶部均配置 2 根 HRB400 级直径为 16mm 的焊接钢筋网。

当双杯口独立基础中间杯壁厚度小于 400mm 时，在中间杯壁中配置构造钢筋见相应标准构造详

图 2-1-18 单杯口独立基础顶部
焊接钢筋网示意

图 2-1-19 双杯口独立基础顶
部焊接钢筋网示意

3）高杯口独立基础的短柱配筋（亦适用于杯口独立基础杯壁有配筋的情况）

以 O 代表短柱配筋。先注写短柱纵筋，再注写箍筋。注写为：角筋/x 边中部筋/y 边中部筋，箍筋（两种间距，短柱杯口壁内箍筋间距/短柱其他部位箍筋间距）。

见图 2-1-20，表示高杯口独立基础的短柱配置 HRB400 竖向纵筋和 HPB300 箍筋。其竖向纵筋为：角筋 4Φ20、x 边中部筋 5Φ16、y 边中部筋 5Φ16；其箍筋直径为 10mm，短柱杯口壁内间距 150mm，短柱其他部位间距 300mm。

双高杯口独立基础的短柱配筋，注写形式与单高杯口相同。见图 2-1-21（本图只表示基础短柱纵筋与矩形箍筋）。

图 2-1-20　高杯口独立基础短柱配筋示意

图 2-1-21　双高杯口独立基础短柱配筋示意

当双高杯口独立基础中间杯壁厚度小于 400mm 时，在中间杯壁中配置构造钢筋见相应标准构造详图，设计不注写。

4）普通独立基础带短柱竖向尺寸及钢筋

独立基础集中标注的配筋信息的第四种情况，是以 DZ 打头的配筋，是指普通独立基础带短柱竖向尺寸及钢筋，先注写短柱纵筋，再注写箍筋，最后注写短柱标高范围。

短柱竖向尺寸及钢筋注写格式为："角筋/x 边中部筋/y 边中部筋，箍筋，短柱标高范围"。见图 2-1-22，表示独立基础的短柱设置在 -2.500m～-0.050m 高度范围内，配置 HRB400 竖向纵筋和 HPB300 箍筋。其竖向纵筋为：角筋 4Φ20、x 边中部筋 5Φ18、y 边中部筋 5Φ18；其箍筋直径为 10mm、间距 100mm。

5）多柱独立基础底板顶部配筋

独立基础通常为单柱独立基础，也可为多柱独立基础（双柱或四柱等）。当为双柱独立基础且柱距较小时，通常仅配置基础底部钢筋；当柱距较大时，除基础底部配筋外，尚需在两柱间配置基础顶部钢筋或设置基础梁；当为四柱独立基础时，通常可设置两道平行的基础梁，需要时可在两道基础梁之间配置基础顶部钢筋。基础梁的平法识图及钢筋构造图等内容详见本书第 4 章筏形基础。

图 2-1-22　独立基础短柱配筋示意图

以"T"打头的配筋,就是指多柱独立基础的底板顶部配筋。

① 双柱独立基础柱间配置顶部钢筋

见图 2-1-23,先注写受力筋,再注写分布筋,T:11⏀18@100/Φ10@200;表示独立基础顶部配置 HRB400 纵向受力钢筋,直径为 18mm 设置 11 根,间距 100mm;配置 HPB300 分布筋,直径为 10mm,间距 200mm。

② 四柱独立基础底板顶部基础梁间配筋

见图 2-1-24,先注写受力筋,再注写分布筋。T:⏀16@120/Φ10@200;表示在四柱独立基础顶部两道基础梁之间配置 HRB400 钢筋,直径为 16mm,间距 120mm;分布筋为 HPB300 钢筋,直径为 10mm,间距 200mm。

图 2-1-23 双柱独立基础顶部钢筋

图 2-1-24 四柱独立基础底板顶部配筋

2.2 独立基础钢筋构造

本节主要介绍独立基础的钢筋构造,即独立基础的各种钢筋在实际工程中可能出现的各种构造情况,主要分为五种,分别是"底板底部钢筋""杯口独基顶部焊接钢筋网""高杯口独基短柱钢筋""普通独立基础带短柱竖向尺寸及钢筋""多柱独立基础顶部钢筋"。知识结构如图 2-2-1 所示。

2.2.1 独立基础的钢筋种类

独立基础的钢筋种类,根据独立基础的构造类型可分为五种情况,见图 2-2-2。实际工程中,根据平法施工图标注进行具体的计算。杯口独立基础一般用于工业厂房,民用建筑一般采用普通独立基础,故本节就主要讲解普通独立基础的钢筋构造。

2.2.2 独立基础底板底部钢筋构造

1. 独立基础底板底部钢筋构造情况

本书中将独立基础底板底部配筋总结为两种情况,见图 2-2-3。

图 2-2-1 独立基础钢筋构造知识框图

图 2-2-2 独立基础钢筋种类情况

图 2-2-3 独立基础底板底部钢筋构造情况

2. 矩形独立基础

（1）钢筋构造要点

矩形独立基础底板底部钢筋的一般构造如图 2-2-4 所示，钢筋的计算包括长度和根数，其构造要点分别为：

1）长度构造要点

"c" 为钢筋端部混凝土保护层厚度，取值参见图集《22G101-3》第 57 页。

图 2-2-4 矩形独立基础底筋一般构造

2）根数计算要点

"s'" 是钢筋间距，第一根钢筋布置的位置距构件边缘的距离是"起步距离"，独立基础底部钢筋的起步距离不大于 75mm 且不大于 $s'/2$，数学公式可以表示为 min $(75, s'/2)$。

（2）钢筋计算公式（以 X 向钢筋为例）

$$长度 = x - 2c$$

$$根数 = [y - 2 \times min(75, s'/2)]/s' + 1$$

3. 长度缩减 10% 的构造

当底板长度不小于 2500mm 时，长度缩减 10%，分为对称、不对称两种情况。

（1）对称独立基础

1）钢筋构造要点

对称独立基础底板底部钢筋长度缩减 10% 的构造如图 2-2-5 所示，其构造要点为：

当独立基础底板长度≥2500mm 时，除各边最外侧钢筋外，两向其他钢筋可相应缩减 10%。

图 2-2-5　对称独立基础底筋缩减 10% 构造

2）钢筋计算公式（以 x 向钢筋为例）

① 各边外侧钢筋不缩减：1 号钢筋长度 $= x - 2c$

② 两向（x, y）其他钢筋：2 号钢筋长度 $= y - c - 0.1l_x$

（2）非对称独立基础

1）钢筋构造要点

非对称独立基础底板底部钢筋缩减 10% 的构造，见图 2-2-6，其构造要点为：

当独立基础底板长度≥2500mm 时，各边最外侧钢筋不缩减；对称方向（如图 2-2-6

中的 y 向）中部钢筋长度缩减 10%；非对称方向：当基础某侧从柱中心至基础底板边缘的距离＜1250mm 时，该侧钢筋不缩减；当基础某侧从柱中心至基础底板边缘的距离≥1250mm 时，该侧钢筋隔一根缩减一根。

图 2-2-6　非对称独立基础底筋缩减 10%构造

2）钢筋计算公式（以 x 向钢筋为例）

① 各边外侧钢筋（1 号钢筋）不缩减：长度＝$x-2c$

② 对称方向中部钢筋（2 号钢筋）缩减 10%：长度＝$y-c-0.1l_y$

③ 非对称方向（一侧不缩减，另一侧间隔一根错开缩减）：

3 号钢筋：长度＝$x-c-0.1l_x$

4 号钢筋：长度＝$x-2c$

2.2.3　普通独立基础带短柱竖向尺寸及钢筋

1. 单柱带短柱独立基础带配筋

单柱带短柱独立基础带配筋，由 x 向中部竖向纵筋和 y 向中部竖向纵筋组成，见图 2-2-7。

2. 双柱带短柱独立基础带配筋

双柱带短柱独立基础带配筋，由长边中部竖向纵筋和短边中部竖向纵筋组成，见图 2-2-8。

2.2.4　多柱独立基础底板顶部钢筋

1. 双柱独立基础底板顶部钢筋

双柱独立基础底板顶部钢筋，由纵向受力筋和横向分布筋组成，见图 2-2-9。

图 2-2-7　单柱普通独立深基础短柱配筋

图 2-2-8　双柱普通独立深基础短柱配筋

对照图 2-2-9，钢筋构造要点为：

（1）纵向受力筋

1）布置在柱宽度范围内纵向受力筋

$$长度＝柱内侧边起算＋两端锚固 l_a$$

2）布置在柱宽度范围以外的纵向受力筋

$$长度＝柱中心线起算＋两端锚固 l_a$$

根数由设计标注。

（2）横向分布筋

长度＝纵向受力筋布置范围长度＋两端超出受力筋外的长度（取构造长度 150mm）

横向分布筋根数在纵向受力筋的长度范围布置，起步距离取"分布筋间距/2"。

2. 四柱独立基础顶部钢筋

四柱独立基础底板顶部钢筋，由纵向受力筋和横向分布筋组成，见图 2-2-10。

对照图 2-2-10，钢筋构造要点为：

图 2-2-9 普通双柱独立基础顶部配筋

（1）纵向受力筋

长度＝y_u（基础顶部纵向宽度）－2c（两端保护层）

根数＝（基础顶部横向宽度x_u－起步距离）/间距＋1

（2）横向分布筋

长度＝（基础顶部横向宽度）x_u－2c（两端保护层）

根数在两根基础梁之间布置。

图 2-2-10 四柱独立基础顶部钢筋构造

2.3 独立基础钢筋实例计算

2.3.1 独立基础底板底部钢筋

1. 矩形独立基础

（1）平法施工图

1) DJj1 平法施工图

见图 2-3-1。

2) 平法识图

这是一个普通阶形独立基础，两阶高度为 200/200mm，其剖面示意图见图 2-3-2。

图 2-3-1 DJj1 平法施工图

图 2-3-2 剖面示意图

（2）钢筋计算

1) X 向钢筋

① 长度 $=x-2c=3500-2\times40=3420$mm

② 根数 $=[y-2\times\min(75, s/2)]/s+1=(3500-2\times75)/200+1=18$根

2) Y 向钢筋

① 长度 $=y-2c=3500-2\times40=3420$mm

② 根数 $=[y-2\times\min(75, s/2)]/s+1=(3500-2\times75)/200+1=18$根

2. 长度缩减 10%

（1）对称配筋

1) 平法施工图

DJz2 平法施工图见图 2-3-3。

图 2-3-3 DJz2 平法施工图

图 2-3-4 DJz2 钢筋示意图

2）钢筋计算

DJz2 为正方形，x 向钢筋与 y 向钢筋完全相同，本例中以 x 向钢筋为例进行计算，计算过程如下，钢筋示意图见图 2-3-4。

① x 向外侧钢筋长度＝基础边长－2c＝x－2c＝4350－2×40＝4270mm

② x 向外侧钢筋根数＝2 根（一侧各一根）

③ x 向其余钢筋长度＝基础边长－c－0.1×基础边长＝$x-c-0.1l_x$＝4350－40－0.1×4350＝3875mm

④ x 向其余钢筋根数＝[y－2×min(75，s/2)]/s－1＝(4350－2×75)/150－1＝27根

（2）非对称配筋

1）平法施工图

DJz3 平法施工图见图 2-3-5。

图 2-3-5　DJz3 平法施工图　　　　　　　图 2-3-6　DJz3 钢筋示意图

2）钢筋计算

本例 y 向钢筋与上例 DJz2 完全相同，本例讲解 x 向钢筋的计算，计算过程如下，钢筋示意图见图 2-3-6：

① x 向外侧钢筋长度＝基础边长－2c＝x－2c＝4350－2×40＝4270mm

② x 向外侧钢筋根数＝2 根（一侧各一根）

③ x 向其余钢筋（两侧均不缩减）长度（与外侧钢筋相同）＝x－2c＝4350－2×40＝4270mm

④ 根数＝（布置范围－两端起步距离）/间距＋1＝{[y－2×min(75，s/2)]/s－1}/2＝[(4350－2×75)/150－1]/2＝14根(右侧隔一缩减)

⑤ x 向其余钢筋(右侧缩减的钢筋)长度＝基础边长－c－0.1×基础边长＝$x-c-0.1l_x$＝4350－40－0.1×4350＝3875mm

⑥ 根数＝14－1＝13 根（因为隔一缩减，所以比另一种少一根）

2.3.2 多柱独立基础底板顶部钢筋

1. 平法施工图

DJz4 平法施工图见图 2-3-7，混凝土强度为 C30。

2. 钢筋计算过程

（1）钢筋计算简图

DJz4 钢筋计算简图，见图 2-3-8。

图 2-3-7　DJz4 平法施工图

图 2-3-8　DJz4 钢筋计算简图

（2）钢筋计算过程

DJz4 横向分布筋计算过程如下：

① 1 号筋长度＝柱内侧边起算＋两端锚固 l_a＝200＋2×35d＝200＋2×35×16＝1320mm

② 1 号筋根数＝（柱宽 500－两侧起距离 50×2）/100＋1＝5 根

③ 2 号筋长度＝柱中心线起算＋两端锚固 l_a＝250＋200＋250＋2×35d＝1820mm

④ 2 号筋根数＝（总根数 9－5）＝4 根（一侧 2 根）

⑤ 分布筋长度（3 号筋）＝纵向受力筋布置范围长度＋两端超出受力筋外的长度（本书此值取构造长度 150mm）＝（受力筋布置范围 500＋2×150）＋两端超出受力筋外的长度 2×150＝1100mm

⑥ 分布筋根数＝（1820－2×100）/200＋1＝10 根

习　题

1. 独立基础平法施工图，有＿＿＿＿＿＿＿与＿＿＿＿＿＿＿两种表达方式。

2. 请将下表填写完整。

类型	基础底板截面形状	代号
普通独立基础	阶形	
		DJz

续表

类型	基础底板截面形状	代号
杯口独立基础	阶形	
		BJz

3. 当双杯口的中间杯壁宽度_____时，设置中间杯壁构造配筋。

3 条形基础

3.1 条形基础平法识图

3.1.1 《22G101》条形基础平法识图学习方法

1.《22G101》条形基础平法识图知识体系

独立基础构件的制图规则知识体系如图 3-1-1 所示。

2. 认识条形基础

（1）条形基础分类

条形基础一般位于砖墙或混凝土墙下，用以支承墙体构件。可分为梁板式条形基础和板式条形基础两大类，如图 3-1-2 所示。

（2）条形基础的平面注写方式

条形基础的平面注写方式是指直接在条形基础平面布置图上进行数据项的标注，可分为集中标注和原位标注两部分内容。当集中标注的某项数值不适用于基础梁的某部位时，则将该项数值采用原位标注。施工时，原位标注优先。如图 3-1-3 所示。

集中标注是在基础平面布置图上集中引注：基础梁编号、截面尺寸、配筋三项必注内容，以及基础梁底面标高（与基础底面基准标高不同时）和必要的文字注解两项选注内容。

原位标注是在基础平面布置图上标注各跨的尺寸和配筋。

3.1.2 条形基础基础梁平法识图

1. 集中标注

（1）基础梁集中标注示意图

基础梁集中标注包括编号、截面尺寸、配筋三项必注内容，如图 3-1-4 所示。

（2）基础梁编号表示方法

基础梁集中标注和第一项必注的内容是基础梁编号，由"代号""序号""跨数及有无外伸"三项组成，见图 3-1-5。

基础梁编号中的"代号""序号""跨数及有无外伸"三项符号的具体表示方法，见表 3-1-1。

【例】 JL01（2）表示基础梁 01，2 跨，端部无外伸；JL03（4A）基础梁 03，4 跨，

一端有外伸。

图 3-1-1 条形基础平法识图知识体系

图 3-1-2 条形基础分类

图 3-1-3 条形基础平面注写方式

图 3-1-4 条形基础集中标注

基础梁编号 表 3-1-1

类型	代号	序号	跨数及有无外伸
基础梁	JL	××	(×××):端部无外伸,括号内的数字表示跨数
		××	(××A):一端有外伸
		××	(××B):两端有外伸

（3）基础梁截面尺寸

基础梁集中标注的第二项必注内容是截面尺寸。基础梁截面尺寸用 $b \times h$ 表示梁截面宽度和高度，当为竖向加腋梁时，用 $b \times h Y c_1 \times c_2$ 表示。其中 c_1 为腋长，c_2 为腋高。

（4）基础梁配筋识图

1）基础梁配筋标注内容

基础梁集中标注的第三项必注内容是配筋，基础梁的配筋主要注写内容包括：箍筋、底部、顶部及侧面纵向钢筋，如图 3-1-6 所示。

2）箍筋

基础梁箍筋表示方法的平法识图，见表 3-1-2。

图 3-1-5 基础梁编号平法标注

图 3-1-6 基础梁配筋标注内容

3）底部、顶部及侧面纵向钢筋

① 以 B 打头，注写梁底部贯通纵筋（不应少于梁底部受力钢筋总截面面积的 1/3）。

当跨中所注根数少于箍筋肢数时，需要在跨中增设梁底部架立筋以固定箍筋，采用"＋"将贯通纵筋与架立筋相联，架立筋注写在加号后面的括号内。

② 以 T 打头，注写梁顶部贯通纵筋。注写时用分号"；"将底部与顶部贯通纵筋分隔开。

③ 当梁底部或顶部贯通纵筋多于一排时，用"／"将各排纵筋自上而下分开。

④ 以大写字母 G 打头注写梁两侧面对称设置的纵向构造钢筋的总配筋值（当梁腹板高度 h_w 不小于 450mm 时，根据需要配置）。

【例】 B：4Φ25；T：12Φ25 7/5，表示梁底部配置贯通纵筋为 4Φ25；梁顶部配置贯通纵筋上一排为 7Φ25，下一排为 5Φ25，共 12Φ25。

【例】 G8Φ14，表示梁每个侧面配置纵向构造钢筋 4Φ14，共配置 8Φ14。

当需要配置抗扭纵向钢筋时，梁两个侧面设置的抗扭纵向钢筋以 N 打头。

【例】N8Φ16，表示梁的两个侧面共配置 8Φ16 的纵向抗扭钢筋，沿截面周边均匀对称设置。

基础梁箍筋识图　　　　　　　　　　　　表 3-1-2

箍筋表示方法	识　图	标准说明
Φ10@150(2)	只有一种间距，双肢箍 JL01(3),200×400 Φ10@150(2) B:4Φ25;T:5Φ25 4/2 只有一种箍筋间距 L	当具体设计仅采用一种箍筋间距时，注写钢筋级别、直径、间距与肢数（箍筋肢数写在括号内，下同）
6Φ10@150/4Φ12@200/Φ12@250(6)	两端向里，先各布置 6 根直径 10mm、间距 150mm、的箍筋，再往里两侧各布置 4 根直径 12mm、间距 200mm 的箍筋，中间剩余部位布置间距 250mm 的箍筋，均为六肢箍 JL01(3),200×400 6Φ10@150/4Φ12@200/ Φ12@250(6) B:4Φ25;T:6Φ25 4/2 两端第一种箍筋： 6Φ10@150(6)　中间剩余部位箍筋：Φ12@250(6) 两端第二种箍筋： 4Φ12@200(6) L	当具体设计采用两种箍筋时，用"／"分隔不同箍筋，按照从基础梁两端向跨中的顺序注写。先注写第 1 段箍筋（在前面加注箍筋道数），在斜线后再注写第 2 段箍筋（不再加注箍筋道数）

JL01(3A),300×500
10Φ12@150/250(4)
B:4Φ20;T:4Φ20
G2Φ12

6Φ20 2/4

图 3-1-7 基础梁端部及柱下区域原位标注

2. 原位标注识图

（1）基础梁支座的底部纵筋

1）基础梁支座的底部纵筋，系指包含贯通纵筋与非贯通纵筋在内的所有纵筋，见图 3-1-7。图中 6Φ20 2/4，为原位标注，表示该位置共有 6 根直径为 20mm 的 HRB400 钢筋，其中上排 2 根，下排 4 根。下排的 4 根为集中标注中的底部贯通纵筋。

2）基础梁端部及柱下区域原位标注的识图，见表 3-1-3。

基础梁端部及柱下区域原位标注识图 表 3-1-3

表示方法	识 图	标 准 说 明
6Φ20 2/4	上下两排，上排 2Φ20 是底部非贯通纵筋，下排 4Φ20 是集中标注的底部贯通纵筋 JL01(3A),300×500 10Φ12@150/250(4) B:4Φ20;T:4Φ20 G2Φ12 6Φ20 2/4	当底部纵筋多于一排时，用"/"将各排纵筋自上而下分开
2Φ20＋2Φ18	由两种不同直径钢筋组成，用"＋"连接，其中 2Φ20 是集中标注的底部贯通纵筋，2Φ18 是底部非贯通纵筋 JL01(3A),300×500 10Φ120@150/250(4) B:2Φ20;T:4Φ20 2Φ20+2Φ18	当同排纵筋有两种直径时，用"＋"将两种直径的纵筋相连

表示方法	识　图	标准说明
①4⚌20 ②4⚌20 ②5⚌20	(1)中间支座柱下两侧底部配筋不同,②轴左侧4⚌20,其中2根为集中标注的底部贯通筋,另2根为底部非贯通纵筋;②轴右侧5⚌20,其中2根为集中标注的底部贯通纵筋,另3根为底部非贯通纵筋。 (2)②轴左侧为4根,右侧为5根,它们直径相同,只是根数不同,则其中4根贯穿②轴,右侧多出的1根进行锚固 	当梁支座两边的底部纵筋配置不同时,需在支座两边分别标注;当梁支座两边的底部纵筋相同时,可仅在支座的一边标注。 当梁端支座底部全部纵筋与集中注写过的底部贯通纵筋相同时,可不再重复做原位标注

（2）附加箍筋或（反扣）吊筋

当两向基础梁十字交叉，但交叉位置无柱时，应根据需要设置附加箍筋或（反扣）吊筋。平法标注是将附加箍筋或（反扣）吊筋直接画在平面图中条形基础主梁上，原位直接引注总配筋值（附加箍筋的肢数注在括号内）。当多数附加箍筋或（反扣）吊筋相同时，可在条形基础平法施工图上统一注明。少数与统一注明值不同时，在原位直接引注。

（3）外伸部位的变截面高度尺寸

基础梁外伸部位如果有变截面，应注写变截面高度尺寸。当基础梁外伸部位采用变截面高度时，在该部位原位注写 $b \times h_1/h_2$，h_1 为根部截面高度，h_2 为尽端截面高度，如图3-1-8所示。

基础梁外伸部位变截面构造如图3-1-9所示。

（4）原位标注修正内容

图3-1-8　基础梁外伸部位变截面高度注写示意　　　　图3-1-9　基础梁外伸部位变截面构造

当在基础梁上集中标注的某项内容（如截面尺寸、箍筋、底部与顶部贯通纵筋或架立筋、梁侧面纵向构造钢筋、梁底面标高等）不适用于某跨或某外伸部位时，将其修正内容原位标注在该跨或该外伸部位，施工时原位标注取值优先。

当在多跨基础梁的集中标注中已注明竖向加腋，而该梁某跨根部不需要竖向加腋时，则应在该跨原位标注截面尺寸 $b \times h$，以修正集中标注中的竖向加腋要求。

见图 3-1-10，JL01 集中标注的截面尺寸为 300×500，第 2 跨原位标注为 300×400，表示第 2 跨发生了截面变化。

图 3-1-10 原位标注修正内容

3.1.3 条形基础底板的平法识图

1. 集中标注

（1）条形基础底板集中标注示意图

条形基础底板集中标注包括编号、截面竖向尺寸、配筋三项必注内容，见图 3-1-11。

图 3-1-11 条形基础底板集中
标注示意图

（3）条形基础底板截面竖向尺寸标注

条形基础底板截面竖向尺寸用 "$h_1/h_2/\cdots\cdots$" 自下而上进行标注，见表 3-1-5。

（4）条形基础底板及顶部配筋

（2）条形基础底板编号表示方法

条形基础底板集中标注的第一项必注内容是基础梁编号，由 "代号" "序号" "跨数及有无外伸" 三项组成，见图 3-1-12。

条形基础底板编号中的 "代号" "序号" "跨数及有无外伸" 三项符号的具体表示方法，见表 3-1-4 所示。

【例】 TJBj01（2）：表示阶形条形基础底板 01，2 跨，端部无外伸；TJBp02（3A）：表示坡形条形基础底板 02，3 跨，一端有外伸；TJBj02（2B）：表示阶形条形基础底板 02，2 跨，两端有外伸。

图 3-1-12 条形基础底板
编号平法标注

条形基础底板编号 表 3-1-4

条形基础底板编号 表 3-1-4

类 型		代号	序号	跨数及是否有外伸
条形基础底板	阶形	TJBj	××	(××)端部无外伸
				(××A)一端有外伸
	坡形	TJBp	××	(××B)两端有外伸

条形基础底板截面竖向尺寸识图 表 3-1-5

分 类	注写方式	示 意 图
坡形截面条形基础截面竖向尺寸	TJBp×× h_1/h_2	
单阶形截面条形基础截面竖向尺寸	TJBj×× h_1	
多阶形截面条形基础截面竖向尺寸	TJBj×× h_1/h_2	

条形基础底板配筋分两种情况：一种是只有底部配筋；另一种是双梁条形基础还有顶部配筋，注写时，用"/"分隔条形基础底板的横向受力钢筋与纵向分布钢筋。

1）条形基础底板底部配筋

以 B 打头，注写条形基础底板底部的横向受力钢筋，见图 3-1-13；当条形基础底板配筋标注为：B：$\Phi14@150/\phi8@250$；表示条形基础底板底部配置 HRB400 横向受力钢筋，直径为 14mm，间距 150mm；配置 HPB300 纵向分布钢筋，直径为 8mm，间距 250mm。

2）双梁条形基础（包括顶部配筋）

以 T 打头，注写条形基础底板顶部的横向受力钢筋见图 3-1-14；当为双梁（或双墙）条形基础底板时，除在底板底部配置钢筋外，一般尚需在两根梁或两道墙之间的底板顶部配置钢筋，其中横向受力钢筋的锚固长度 l_a 从梁的内边缘（或墙内边缘）起算。

2. 原位标注

条形基础底板的原位标注的内容可分为以下两个部分：

(1) 条形基础底板的平面定位尺寸

原位标注 b、b_i，$i=1$，2，……。其中，b 为基础底板总宽度，b_i 为基础底板台阶的宽度。当基础底板采用对称于基础梁的坡形截面或单阶形截面时，b_i 可不注，见图 3-1-15。

素混凝土条形基础底板的原位标注与钢筋混凝土条形基础底板相同。

图 3-1-13　条形基础底板底部配筋识图　　　　　图 3-1-14　双梁条形基础底板配筋识图

图 3-1-15　条形基础底板平面尺寸原位标注

对于相同编号的条形基础底板，可仅选择一个进行标注。

条形基础存在双梁或双墙共用同一基础底板的情况，当为双梁或为双墙且梁或墙荷载差别较大时，条形基础两侧可取不同的宽度，实际宽度以原位标注的基础底板两侧非对称的不同台阶宽度 b_i 进行表达。

（2）修正内容

当在条形基础底板上集中标注的某项内容，如底板截面竖向尺寸、底板配筋、底板底面标高等，不适用于条形基础底板的某跨或某外伸部分时，可将其修正内容原位标注在该跨或该外伸部位，施工时原位标注取值优先。

3.2　条形基础钢筋构造

本节主要介绍条形基础的钢筋构造，即条形基础的各种钢筋在实际工程中可能出现的各种构造情况，知识结构如图 3-2-1 所示。

3.2.1　基础梁 JL 钢筋构造

1. 基础梁底部贯通纵筋构造情况

基础梁底部贯通纵筋的构造，如图 3-2-2 所示。

图 3-2-1 条形基础钢筋种类

图 3-2-2 基础梁底部贯通纵筋构造情况

2. 基础梁底部贯通纵筋端部构造要点及识图

基础梁底部贯通纵筋端部构造，可分为三种情况，见表 3-2-1。

基础梁底部贯通纵筋构造

表 3-2-1

类型	识 图	钢筋构造要点
等截面外伸	框架柱 50　50 12d 垫层	伸至外伸尽端弯折 12d

续表

类型	识　图	钢筋构造要点
变截面外伸		（1）伸至外伸尽端弯折12*d*； （2）在外伸段按斜长计算

3. 基础梁底部中间变截面贯通纵筋构造要点及识图

基础梁宽度不同，底部贯通纵筋构造见表 3-2-2。

基础梁宽度不同底部贯通纵筋构造　　　　表 3-2-2

类型	识　图	钢筋构造要点
梁底有高差		（1）梁底高差坡度 α，根据场地可取 $30°$、$45°$、$60°$，计算钢筋时可按 $45°$ 取值； （2）注意 l_a 的起算位置
梁宽不同		伸至尽端钢筋内侧弯折 $15d$，当直段长度≥l_a时可不弯折，h_c 为柱宽

4. 支座底部非贯通纵筋构造情况

（1）基础梁支座底部非贯通纵筋构造情况总述

基础梁支座底部非贯通纵筋的构造，总结为图 3-2-3 所示内容。

（2）基础梁支座底部非贯通纵筋构造要点及识图

基础梁支座底部非贯通纵筋构造要点及识图，见表 3-2-3。

图 3-2-3 基础梁支座底部非贯通纵筋构造情况

基础梁支座底部非贯通纵筋构造

表 3-2-3

类型	识图	钢筋构造要点
等截面外伸		从支座中心线向跨内的延伸长度为 $h_c/2 + l_n'$
变截面外伸		从支座中心线向跨内的延伸长度为 $h_c/2 + l_n'$
中间柱下区域		从支座边缘向跨内的延伸长度为 $l_n/3$，l_n 是两邻跨跨度的较大值

类型	识　图	钢筋构造要点
梁宽度不同		宽出部位钢筋锚长≥l_a（当直锚长度≥l_a时可不弯钩）

5. 基础梁顶部贯通纵筋构造情况

（1）基础梁顶部贯通纵筋构造情况总述

基础梁顶部贯通纵筋的构造，如图 3-2-4 所示。

```
                        ┌─ 等截面外伸
            ┌─ 端部构造 ─┤
基础顶部贯   │           └─ 变截面外伸
通纵筋构造 ─┤
            │            ┌─ 梁底有高差
            └─ 中间变截面─┤
                         └─ 梁宽度不同
```

图 3-2-4　基础梁顶部贯通纵筋构造情况

（2）基础梁顶部贯通纵筋构造要点及识图

基础梁顶部贯通纵筋构造要点及识图，见表 3-2-4。

基础梁顶部贯通纵筋构造 表 3-2-4

类型	识　图	钢筋构造要点
等截面外伸		（1）顶部上排钢筋伸于外伸尽端弯折 $12d$； （2）顶部下排钢筋不伸入外伸部位，从柱内侧起 l_a

类型	识　图	钢筋构造要点
变截面外伸		（1）顶部上排钢筋伸于外伸尽端弯折 $12d$； （2）顶部下排钢筋不伸入外伸部位，从柱内侧起 l_a
梁宽度不同		宽出的钢筋锚固 l_a

6. 架立筋、侧部筋、竖向加腋筋构造要点及识图

架立筋、侧部筋、竖向加腋筋构造要点及识图，见表 3-2-5。

7. 箍筋构造要点及识图

基础梁箍筋构造要点及识图，见表 3-2-6。

3.2.2　条形基础底板钢筋构造

1. 条形基础底板钢筋构造情况总述

条形基础底板钢筋的构造，知识结构如图 3-2-5 所示。

架立筋、侧部筋、竖向加腋筋构造要点及识图　　　　　表 3-2-5

类型		识　图	钢筋构造要点
侧部筋	十字相交的基础梁，相交位置有柱		（1）基础梁 JL 的侧部筋为构造筋，不像楼层框架梁 KL 的侧部筋分为构造筋和受扭筋；

类型	识　图	钢筋构造要点
侧部筋 — 十字相交的基础梁,相交位置无柱		(2)基础梁 JL 侧部构造筋锚固,注意锚固的起算位置,见左侧图:十字相交的基础梁,当相交位置有柱时,侧面构造纵筋锚入梁包柱侧腋内15d;十字相交的基础梁,当相交位置无柱时,侧面构造纵筋锚入交叉梁内15d;丁字相交的基础梁,当相交位置无柱时,衡量内侧的构造纵筋锚入交叉梁内15d; (3)当基础梁箍筋有多种间距时,未注明拉筋间距按哪种箍筋间距的 2 倍,梁箍筋直径均为 8mm
侧部筋 — 丁字相交的基础梁,相交位置有柱		
侧部筋 — 丁字相交的基础梁,相交位置无柱		
梁高竖向加腋筋		(1)基础梁高竖向加腋筋规格,若施工图未注明,则同基础梁顶部纵筋;若施工图有标注,则按其标注规格; (2)基础梁高竖向加腋筋,根数为基础梁顶部第一排纵筋根数－1; (3)基础梁高竖向加腋筋,锚入基础梁内长度为 l_a

类型	识　图	钢筋构造要点
梁高竖向加腋筋		基础梁高竖向加腋筋的根数与基础梁顶部第一排纵向钢筋根数的关系
梁与柱结合部侧加腋筋		（1）基础梁与柱结合部侧加腋筋，由加腋筋及其分布筋组成，均不需要在施工图上标注，按图集上构造规定即可； （2）加腋筋规格≥Φ12且不小于柱箍筋直径，间距同柱箍筋间距； （3）加腋筋长度为侧腋边长加两端 l_a； （4）分布筋规格为Φ8@200

基础梁顶部第一排纵筋

基础梁高竖向加腋筋

直径≥12且不小于柱箍筋直径，间距与柱箍筋间距相同

Φ8@200

50

45°

l_a

十字交叉基础梁与柱结合部侧腋构造

直径≥12且不小于柱箍筋直径，间距与柱箍筋间距相同

Φ8@200

l_a

l_a

50

50

50

Φ8@200

直径≥12且不小于柱箍筋直径，间距与柱箍筋间距相同

丁字交叉基础梁与柱结合部侧腋构造

直径≥12且不小于柱箍筋直径，间距与柱箍筋间距相同

l_a

l_a

50

50

50

50

Φ8@200

50

50

直径≥12且不小于柱箍筋直径，间距与柱箍筋间距相同

无外伸基础梁与角柱结合部侧腋构造

类型	识　图	钢筋构造要点
梁与柱结合部侧加腋筋	基础梁中心穿柱侧腋构造 基础梁偏心穿柱与柱结合部侧腋构造	（1）基础梁与柱结合部侧加腋筋，由加腋筋及其分布筋组成，均不需要在施工图上标注，按图集上构造规定即可； （2）加腋筋规格≥Φ12且不小于柱箍筋直径，间距同柱箍筋间距； （3）加腋筋长度为侧腋边长加两端 l_a； （4）分布筋规格为Φ8@200

基础梁箍筋构造要点及识图　　　　　　　　　表 3-2-6

类型	识　图	钢筋构造要点
起步距离		（1）箍筋起步距离为 50mm； （2）基础梁变截面外伸、梁高加腋位置，箍筋高度渐变
节点区域		节点区内箍筋按梁端箍筋设置。梁相交叉宽度内的箍筋按截面高度较大的基础梁设置，同跨箍筋有两种时，各自设置范围按具体设计注写
纵向受力钢筋搭接区箍筋构造		受拉搭接区域的箍筋间距：不大于搭接钢筋较小直径的 5 倍，且不大于 100mm；受压搭接区域的箍筋间距：不大于搭接钢筋较小直径的 10 倍，且不大于 200mm

图 3-2-5 条形基础底板底部钢筋构造情况

2. 条形基础交接处钢筋构造要点及识图

条形基础交接处钢筋构造要点及识图,见表 3-2-7。

条形基础交接处钢筋构造要点及识图   表 3-2-7

类型	识 图	钢筋构造要点
转角(两向无外伸)		(1)条形基础钢筋起步距离取 $s/2$(s 为钢筋间距); (2)保护层按图集《22G101-3》规定取值; (3)交接处,两向受力筋相互交叉已经形成钢筋网,分布筋则需要切断,与另一方向受力筋搭接 150mm; (4)分布筋在梁(墙)宽范围内不布置

类型	识 图	钢筋构造要点
丁字交接		(1)丁字交接时,丁字横向受力筋贯通布置,丁字竖向受力筋在交接处伸入 $b/4$ 范围布置; (2)一向分布筋贯通,另一向分布筋在交接处与受力筋搭接 150mm; (3)分布筋在梁(墙)宽范围内不布置
十字交接		(1)十字交接时,一向受力筋贯通布置,另一向受力筋在交接处伸入 $b/4$ 范围布置; (2)哪一向受力筋贯通布置,《22G101-3》没有明确讲解,本书按配置较大的受力筋贯通布置;

类 型	识 图	钢筋构造要点
十字交接		（3）一向分布筋贯通,另一向分布在交接处与受力筋搭接150mm; （4）分布筋在梁（墙）宽范围内不布置

3. 条形基础底板配筋长度减短10％构造要点及识图

当条形基础底板≥2500mm时,底板配筋长度减短10％交错配置,构造见图3-2-6。

底板配筋长度减短10％的构造中,注意以下位置的配筋长度不减短,见表3-2-8。

图 3-2-6 条形基础底板配筋长度减短10％构造

条形基础底板受力筋不缩减的位置 表 3-2-8

情况说明	识 图
进入底板交接区（直转角）的受力筋不缩减	

情况说明	识　图
进入底板交接区（十字交接）的受力筋不缩减	
进入底板交接区（丁字交接）的受力筋不缩减	
无交接底板端部受力筋不缩减	

4. 条形基础端部无交接底板钢筋构造

条形基础端部无交接底板，另一向为基础连系梁（没有基础底板），钢筋构造见图 3-2-7。

图 3-2-7 条形基础端部无交接底板钢筋构造

注：端部无交接底板，受力筋在端部 b 范围内

相互交叉，分布筋与受力筋搭接 150mm

图 3-2-8 柱下条形基础底板板底不平钢筋构造

（板底高差坡度 α 取 45°或按设计）

构造(一)

构造(二)

（板底高差坡度α取45°或按设计）

图 3-2-9 墙下条形基础底板板底不平钢筋构造

5. 条形基础底板不平钢筋构造

条形基础底板不平钢筋构造，可分为两种情况，见图 3-2-8 和图 3-2-9。

6. 双梁条形基础底板顶部钢筋构造

双梁条形基础底板顶部钢筋，钢筋构造见图 3-2-10。

其钢筋构造要点为：

（1）顶部横向受力钢筋从梁内侧边锚入 l_a；

（2）分布筋布置在梁间。

图 3-2-10 双梁条形基础底板顶部钢筋构造

3.3 条形基础钢筋实例计算

上一节讲解了条形基础的平法钢筋构造，本节就这些钢筋构造情况各举例计算。本节中，条形基础各构件的纵向钢筋连接采用对焊连接方式。

3.3.1 基础梁 JL 钢筋计算实例

1. 普通基础梁 JL01

（1）平法施工图

JL01 平法施工图，见图 3-3-1。

图 3-3-1 JL01 平法施工图

（2）钢筋计算（本例中不计算加腋筋）

1）计算参数

① 保护层厚度 $c=25\text{mm}$；

② 梁包柱侧腋＝50mm；

③ 双肢箍长度计算公式：$(b-2c)\times2+(h-2c)\times2+(1.9d+10d)\times2$。

2）计算过程

钢筋计算过程如下：

① 底部贯通纵筋 4Φ20

$$长度＝梁长（含梁包柱侧腋）-c+弯折15d$$
$$＝(3600\times2+200\times2+50\times2)-2\times25+2\times15\times20＝8250\text{mm}$$

② 顶部贯通纵筋 4Φ20

$$长度＝梁长（含梁包柱侧腋）-c+弯折15d$$
$$＝(3600\times2+200\times2+50\times2)-2\times25+2\times15\times20＝8250\text{mm}$$

③ 箍筋

$$双肢箍长度计算公式＝(b-2c)\times2+(h-2c)\times2+(1.9d+10d)\times2$$
$$外大箍长度＝(300-2\times25)\times2+(500-2\times25)\times2+2\times11.9\times12＝1686\text{mm}$$
$$内小箍筋长度＝[(300-2\times25-20-24)/3+20+24]\times2+(500-2\times25)\times2+$$
$$2\times11.9\times12＝1411\text{mm}$$

箍筋根数：

第一跨：

两端各 5Φ12；

$$中间箍筋根数＝(3600-200\times2-50\times2-150\times5\times2)/250-1＝6根$$

（注：因两端有箍筋，故中间箍筋根数－1）

第一跨箍筋根数＝5×2＋6＝16 根

第二跨箍筋根数同第一跨，为 16 根

节点内箍筋根数＝400/150＝3 根（注：节点内箍筋与梁端箍筋连接，计算根数不减）

JL01 箍筋总根数为：

外大箍根数＝16×2＋3×3＝41 根

内小箍根数＝41 根

注意：JL 箍筋是从柱边起布置，而不是从梁边。

2. 基础梁 JL02（底部非贯通筋、架立筋）

（1）平法施工图

JL02 平法施工图，见图 3-3-2。

（2）钢筋计算（本例中不计算加腋筋）

1）计算参数

① 保护层厚度 $c=25\text{mm}$；

图 3-3-2 JL02 平法施工图

② 梁包柱侧腋＝50mm；

③ 双肢箍长度计算公式：$(b-2c)\times2+(h-2c)\times2+(1.9d+10d)\times2$。

2）钢筋计算过程如下：

① 底部贯通纵筋 2Φ20

长度＝$(3600+4500+200\times2+50\times2)-2\times25+2\times15\times20=9150$mm

② 顶部贯通纵筋 4Φ20

长度＝$(3600+4500+200\times2+50\times2)-2\times25+2\times15\times20=9150$mm

③ 箍筋

外大箍筋长度＝$(300-2\times25)\times2+(500-2\times25)\times2+2\times11.9\times12=1686$mm

内小箍筋长度＝$[(300-2\times25-20-24)/3+20+24]\times2+(500-2\times25)\times2+$

$2\times11.9\times12=1411$mm

箍筋根数：

第一跨：$5\times2+6=16$ 根

两端各 5Φ12；

中间箍筋根数＝$(3600-200\times2-50\times2-150\times5\times2)/250-1=6$ 根

第二跨：$5\times2+9=19$ 根

两端各 5Φ12；

中间箍筋根数＝$(4500-200\times2-50\times2-150\times5\times2)/250-1=9$ 根

节点内箍筋根数＝$400/150=3$ 根

JL02 箍筋总根数为：

外大箍根数＝$15+19+3\times3=43$ 根

内小箍根数＝43 根

④ 底部端部非贯通筋 2Φ20

长度＝延伸长度 $l_n/3$＋支座宽度 h_c＋梁包柱侧腋－保护层 c＋弯折15d

＝$(4500-400)/3+400+50-25+15\times20=2092$mm

⑤ 底部中间柱下区域非贯通筋 2Φ20

$$长度 = 2 \times l_n/3 + h_c = 2 \times (4500-400)/3 + 400 = 3134mm$$

⑥ 底部架立筋 2Φ12

第一跨底部架立筋长度 $= (3600-400) - (3600-400)/3 - (4500-400)/3 + 2 \times 150 = 467mm$

第二跨底部架立筋长度 $= (4500-400) - 2 \times [(4500-400)/3] + 2 \times 150 = 1067mm$

拉筋（Φ8）间距为最大箍筋间距的 2 倍

第一跨拉筋根数 $= [3600 - 2 \times (200+50)]/500 + 1 = 8根$

第二跨拉筋根数 $= [4500 - 2 \times (200+50)]/500 + 1 = 9根$

3. 基础梁 JL03（双排钢筋、有外伸）

（1）平法施工图

JL03 平法施工图，见图 3-3-3。

图 3-3-3 JL03 平法施工图

（2）钢筋计算（本例中不计算加腋筋）

1）计算参数

① 保护层厚度 $c = 25mm$；

② $l_a = 29d$；

③ 梁包柱侧腋 $= 50mm$。

④ 双肢箍长度计算公式：$(b-2c) \times 2 + (h-2c) \times 2 + (1.9d+10d) \times 2$

2）钢筋计算过程

① 底部贯通纵筋 4Φ20

长度 $= (3600+4500+1800+200+50) - 2 \times 25 + 15 \times 20 + 12 \times 50 = 10640mm$

② 顶部贯通纵筋上排 4Φ20

长度 $= (3600+4500+1800+200+50) - 2 \times 25 + 15 \times 20 + 12 \times 20 = 10640mm$

③ 顶部贯通纵筋下排 2Φ20

长度 $= (3600-200) + 4500 + (200+50-25+15d) + 29d$

$= (3600-200) + 4500 + (200+50-25+15 \times 20) + 29 \times 20 = 8905mm$

④ 箍筋

外大箍筋长度＝$(300-2\times25)\times2+(500-2\times25)\times2+2\times11.9\times12=1686$mm

内小箍筋长度＝$[(300-2\times25-20-24)/3+20+24]\times2+(500-2\times25)\times2+$

$2\times11.9\times12=1411$mm

箍筋根数：

第一跨：$5\times2+6=16$ 根

两端各 $5\phi12$；

中间箍筋根数＝$(3600-200\times2-50\times2-150\times5\times2)/250-1=6$根

第二跨：$5\times2+9=19$ 根

两端各 $5\phi12$；

中间箍筋根数＝$(4500-200\times2-50\times2-150\times5\times2)/250-1=9$根

节点内箍筋根数＝$400/150=3$根

外伸部位箍筋根数＝$(1800-200-2\times50)/250+1=7$根

JL03 箍筋总根数为：

外大箍筋根数＝$16+19+3\times3+7=51$根

内小箍筋根数＝51根

⑤ 底部外伸端非贯通筋 $2\Phi20$（位于上排）

长度＝支座宽度 h_c 延伸长度 $l_n/3$＋伸至端部

＝$400+[(3600-400)/3]+(1800-200-25)=3042$mm

⑥ 底部中间柱下区域非贯通筋 $2\Phi20$（位于上排）

长度＝支座宽度 h_c＋延伸长度 $l_n/3\times2=400+2\times[(4500-400)/3]=3134$mm

⑦ 底部右端（非外伸端）非贯通筋 $2\Phi20$

长度＝支座宽度 h_c＋延伸长度 $l_n/3$＋伸至端部

＝$(4500-400)/3+400+50-25-15d$

＝$(4500-400)/3+400+50-25+15\times20=1492$mm

4. 基础梁 JL04（有高差）

（1）平法施工图

JL04 平法施工图，见图 3-3-4。

（2）钢筋计算（本例中不计算加腋筋）

1）计算参数

① 保护层厚度 $c=25$mm；

② $l_a=29d$；

③ 梁包柱侧腋＝50mm；

④ 双肢箍长度计算公式：$(b-2c)\times2+(h-2c)\times2+(1.9d+10d)\times2$。

2）钢筋计算过程

① 第一跨底部贯通纵筋 $4\Phi20$

图 3-3-4 JL04 平法施工图

$$长度＝3600＋(200＋50－25＋15d)＋(200－25＋\sqrt{200^2＋200^2}＋29d)$$

$$＝3600＋(200＋50－25＋15×20)＋(200－25＋\sqrt{200^2＋200^2}＋29×20)$$

$$＝5163mm$$

② 第二跨底部贯通纵筋 4Φ20

$$长度＝4500－200＋29d＋200＋50－25＋15d＝4500－200＋29×20＋200＋50－25＋15×20$$

$$＝5405mm$$

③ 第一跨左端底部非贯通纵筋 2Φ20

$$长度＝(4500－400)/3＋400＋50－25＋15d$$

$$＝(4500－400)/3＋400＋50－25＋15×20＝2092mm$$

④ 第一跨右端底部非贯通纵筋 2Φ20

$$长度＝(4500－400)/3＋400＋\sqrt{200^2＋200^2}＋29d$$

$$＝(4500－400)/3＋400＋\sqrt{200^2＋200^2}＋29×20＝2630mm$$

⑤ 第二跨左端底部非贯通纵筋 2Φ20

$$长度＝(4500－400)/3＋(29d－200)＝(4500－400)/3＋(29×20－200)＝1747mm$$

⑥ 第二跨右端底部非贯通纵筋 2Φ20

$$长度＝(4500－400)/3＋400＋50－25＋15d＝(4500－400)/3＋400＋50－25＋15×20$$

$$＝2092mm$$

⑦ 第一跨顶部贯通筋 6Φ20　4/2

$$长度＝3600＋200＋50－25＋15d－200＋29d＝3600＋200＋50－25＋15×20－200＋29×20$$

$$＝4505mm$$

⑧ 第二跨顶部第一排贯通筋 4Φ20

$$长度＝4500＋(200＋50－25＋15d)＋200＋50－25＋200(高差)＋29d$$

$$＝4500＋(200＋50－25＋15×20)＋(200＋50－25＋200＋29×20)＝6030mm$$

⑨ 第二跨顶部第二排贯通筋 2Φ20

$$长度=4500+400+50-25+2\times15d=4500+400+50-25+2\times15\times20$$
$$=5525mm$$

⑩ 箍筋

外大箍筋长度$=(300-2\times25)\times2+(500-2\times25)\times2+2\times11.9\times12=1686mm$

内小箍筋长度$=[(300-2\times25-20-24)/3+20+24]\times2+(500-2\times25)\times2+2\times11.9\times12$
$$=1411m$$

箍筋根数：

a. 第一跨：$5\times2+6=16$ 根

两端各 5Φ12；

中间箍筋根数$=(3600-200\times2-50\times2-150\times5\times2)/250-1=6$根

节点内箍筋根数$=400/150=3$根

b. 第二跨：$5\times2+9=19$（其中位于斜坡上的 2 根长度不同）

（a）左端 5Φ12，斜坡水平长度为 200，故有 2 根位于斜坡上，这 2 根箍筋高度取 700 和 500 的平均值计算：

外大箍筋长度$=(300-2\times25)\times2+(600-2\times25)\times2+2\times11.9\times12=1886mm$

内小箍筋长度$=[(300-2\times25-20-24)/3+20+24]\times2+(600-2\times25)\times2+2\times11.9\times12$
$$=1611mm$$

（b）右端 5Φ12：

中间箍筋根数$=(4500-200\times2-50\times2-150\times5\times2)/250-1=9$根

c. JL04 箍筋总根数为：

外大箍筋根数$=16+19+3\times3=44$ 根（其中位于斜坡上的 2 根长度不同）

内小箍筋根数$=44$ 根（其中位于斜坡上的 2 根长度不同）

3.3.2 条形基础底板钢筋计算实例

1. 条形基础底板底部钢筋（直转角）

（1）平法施工图

TJBp01 平法施工图，见图 3-3-5。

图 3-3-5 TJBp01 平法施工图

（2）钢筋计算

1）计算参数

① 保护层厚度 $c=40\text{mm}$；

② 分布筋与同向受力筋搭接长度$=150\text{mm}$；

③ 起步距离$=s/2$。

2）钢筋计算过程

① 受力筋$\Phi14@150$

$$长度=条形基础底板宽度-2c=1000-2\times40=920\text{mm}$$

$$根数=(3000\times2+2\times500-2\times75)/150+1=47根$$

② 分布筋$\phi8@250$

$$长度=3000\times2-2\times500+2\times40+2\times150=5380\text{mm}$$

$$单侧根数=(500-150-2\times125)/250+1=2根$$

③ 计算简图（图 3-3-6）

图 3-3-6　计算简图

2. 条形基础底板底部钢筋（丁字交接）

（1）平法施工图

TJBp02 平法施工图，见图 3-3-7。

图 3-3-7　TJPp02 平法施工图

（2）钢筋计算

1）计算参数

① 保护层厚度 $c=40\text{mm}$；

② 分布筋与同向受力筋搭接长度 $=150\text{mm}$；

③ 起步距离 $=s/2$；

④ 丁字交接处，一向受力筋贯通，另一向受力筋伸入布置的范围 $=b/4$。

2）钢筋计算过程

① 受力筋$\underline{\Phi}14@150$

$$\text{长度}=\text{条形基础底板宽度}-2c=1000-2\times40=920\text{mm}$$
$$\text{根数}=(3000\times2-75+1000/4)/150+1=43\text{根}$$

② 分布筋$\phi8@250$

$$\text{长度}=3000\times2-2\times500+2\times40+2\times150=5380\text{mm}$$
$$\text{单侧根数}=(500-150-2\times125)/250+1=2\text{根}$$

③ 计算简图（图 3-3-8）

图 3-3-8　计算简图

条形基础丁字交接处，丁字横向条形基础受力筋贯通。

3. 条形基础底板底部钢筋（十字交接）

（1）平法施工图

TJBp03 平法施工图，见图 3-3-9。

图 3-3-9　TJBp03 平法施工图

（2）钢筋计算

1）计算参数

① 保护层厚度 $c=40$mm；

② 分布筋与同向受力筋搭接长度$=150$mm；

③ 起步距离$=s/2$；

④ 十字交接处，一向受力筋贯通，另一向受力筋伸入布置的范围$=b/4$。

2）钢筋计算过程

① 受力筋$\Phi 14@150$

$$长度=条形基础底板宽度-2c=1000-2\times40=920mm$$

$$根数=26\times2=52根$$

$$第1跨=(3000-75+1000/4)/150+1=23根$$

$$第2跨=(3000-75+1000/4)/150+1=23根$$

② 分布筋$\Phi 8@250$

$$长度=3000\times2-2\times500+2\times40+2\times150=5380mm$$

$$单侧根数=(500-150-2\times125)/250+1=2根$$

③ 计算简图（图 3-3-10）

图 3-3-10 计算简图

本书中，条形基础十字交接处，配置较大的受力筋贯通。

4. 条形基础底板底部钢筋（直转角外伸）

（1）平法施工图

TJBp04 平法施工图，见图 3-3-11。

（2）钢筋计算

1）计算参数

① 保护层厚度 $c=40$mm；

② 分布筋与同向受力筋搭接长度$=150$mm；

图 3-3-11 TJBp04 平法施工图

③ 起步距离=$s/2$；

④ 丁字交接处，一向受力筋贯通，另一向受力筋伸入布置的范围=$b/4$。

2）钢筋计算过程

① 受力筋Φ14@150

$$长度=条形基础底板宽度-2c=1000-2\times40=920mm$$

$$根数=50+9=59根$$

$$非外伸段根数=(3000\times2-75+1000/4)/150+1=43根$$

$$外伸段根数=(1500-500-75+1000/4)/150+1=9根$$

② 分布筋Φ8@250

$$非外伸段长度=3000\times2-2\times500+2\times40+2\times150=5380mm$$

$$外伸段长度=1500-500-40+40+150=1150mm$$

$$单侧根数=(500-150-2\times125)/250+1=2根$$

③ 计算简图（图 3-3-12）

图 3-3-12 计算简图

5. 条形基础底板端部无交接底板

（1）平法施工图

TJBp05 平法施工图，见图 3-3-13。

图 3-3-13　TJBp05 平法施工图

（2）钢筋计算

1）计算参数

① 保护层厚度 $c=40$mm；

② 分布筋与同向受力筋搭接长度 $=150$mm；

③ 起步距离 $=s/2$。

2）钢筋计算过程

① 受力筋 $\Phi14@150$

$$长度=条形基础底板宽度-2c=1000-2\times40=920mm$$

$$左端另一向交接钢筋长度=1000-40=960mm$$

$$根数=47+8=55根$$

$$(3000\times2+500\times2-2\times75)/150+1=47根$$

$$左端另一向交接钢筋根数=(1000-75)/150+1=8根$$

② 分布筋 $\Phi8@250$

$$长度=3000\times2-2\times500+40+2\times150=5340mm$$

$$单侧根数=(500-150-2\times125)/250+1=2根$$

习　　题

1. $9\Phi16@100/\Phi16@200$ (6) 的含义是什么？

2. 计算下图中 JL05 的钢筋。

习题 2 附图　JL05 平法施工图

4 筏 形 基 础

4.1 筏形基础平法识图

4.1.1 《22G101》筏形基础平法识图学习方法

1. 认识筏形基础

筏形基础一般用于高层建筑框架柱或剪力墙下，可分为梁板式筏形基础和平板式筏形基础。梁板式筏形基础由基础主梁、基础次梁和基础平板组成。平板式筏形基础有两种组成形式：一是由柱下板带、跨中板带组成；二是不分板带，直接由基础平板组成。筏形基础的分类及构成，见图 4-1-1。

图 4-1-1 筏形基础的分类及构成

2. 筏形基础平法识图知识体系

筏形基础构件的制图规则知识体系如图 4-1-2 所示。

4.1.2 基础主/次梁平法识图

1. 基础主/次梁的平法表达方式

基础主/次梁的平法表达方式，见图 4-1-3。

2. 集中标注

（1）基础主/次梁集中标注示意图

基础主/次梁集中标注包括编号、截面尺寸、配筋三项必注内容，以及基础梁底面标高高差（相对于筏形基础平板底面标高）一项选注内容，如图 4-1-4 所示。

图 4-1-2 《22G101-3》筏形基础平法识图知识体系

图 4-1-3 基础主/次梁平法表达方式

（2）基础主/梁编号表示方法

基础梁集中标注的和第一项必注内容是基础梁编号，由"代号""序号""跨数及有无外伸"三项组成，如图 4-1-5 所示。其具体表示方法，见表 4-1-1。

图 4-1-4 基础主/次梁集中标注　　　　　图 4-1-5 基础主/次梁编号平法标注

基础梁编号识图　　　　　　　　　　　　　　表 4-1-1

构件类型	代号	序号	跨数及有无外伸
基础主梁	JL	××	（××）端部无外伸,括号内的数字表示跨数
			（××A）一端有外伸
基础次梁	JCL	××	（××B）两端有外伸

（3）基础主/次梁截面尺寸识图

基础主/次梁截面尺寸用 $b \times h$ 表示梁截面宽度和高度，当为竖向加腋梁时，用 $b \times h$ $Yc_1 \times c_2$ 表示。

（4）基础主/次梁配筋识图

1）基础主/次梁箍筋表示方法的平法识图，见表 4-1-2。

基础主/次梁箍筋识图   表 4-1-2

箍筋表示方法	识 图	说 明
Φ 10@250(2)	只有一种间距,双肢箍 JL01(3) 300×500 Φ10@250(2) B2Φ20;T2Φ20 G2Φ12 只有一种箍筋间距	当采用一种箍筋间距时,注写钢筋级别、直径、间距与肢数(写在括号内)
5 Φ 10@150/ 250(2)	两端各布置 5 根Φ 10、间距 150mm 的箍筋,中间剩余部位按间距 250mm 布置,均为双肢箍 JL01(3) 300×500 5Φ10@150/250(2) B2Φ20;T2Φ20 G2Φ12 两端第一种箍筋 5Φ10@150(2)　　中间剩余部位Φ10@250(2)	
5 Φ 10@150/ 6 Φ 15@150/ 250(2)	两端向里,先各布置 5 根Φ 10、间距 150mm 的箍筋,再往里两侧各布置 6 根Φ 15、间距 150 的箍筋,中间剩余部位按间距 250mm 的箍筋,均为双肢箍筋 JL01(3) 300×500 5Φ10@150/6Φ15@150/250(2) B2Φ20;T2Φ20 G2Φ12 两端第一种箍筋　两端第二种箍筋　中间剩余部位 5Φ10@150(2)　　6Φ15@150(2)　　Φ15@150(2)	当采用两种箍筋时,用"/"分隔不同箍筋,按照从基础梁两端向跨中的顺序注写。先注写第 1 段箍筋(在前面加注箍数),在斜线后再注写第 2 段箍筋(不再加注箍数)
5 Φ 10@150(4)/ Φ 12@250(2)	两端各布置 5 根Φ 10、间距 150mm 的四肢箍筋,中间剩余部位布置Φ 12、间距 250mm 的双肢箍筋 JL01(3) 300×500 5Φ10@150(4) /Φ12@250(2) B2Φ20;T2Φ20 G2Φ12 两端第一种箍筋 5Φ10@150(4)　　中间剩余部位Φ12@250(2)	
重要说明	基础次梁的箍筋只在净跨范围内设置,基础主梁的箍筋标注只含净跨内箍筋,在两向基础主梁相交的柱下区域,应有一向箍筋全面贯通(不标注),4.2 节钢筋构造再详细讲解	

2）底部及顶部贯通纵筋识图

基础主/次梁底部以 B 打头，先注写梁底部贯通纵筋（不应少于底部受力钢筋总截面面积的 1/3）。当跨中所注根数少于箍筋肢数时，需要在跨中加设架立筋以固定箍筋，注写时，用加号"＋"将贯通纵筋与架立筋相联，架立筋注写在加号后面的括号内。

以 T 打头，注写梁顶部贯通纵筋值。注写时用分号"；"将底部与顶部纵筋分隔开。

【例】 B4Φ32；T7Φ32，表示梁的底部配置 4Φ32 的贯通纵筋，梁的顶部配置 7Φ32 的贯通纵筋。

当梁底部或顶部贯通纵筋多于一排时，用斜线"/"将各排纵筋自上而下分开。

【例】 梁底部贯通纵筋注写为 B8Φ28 3/5，则表示上一排纵筋为 3Φ28，下一排纵筋为 5Φ28。

3）侧部构造钢筋

以大写字母"G"打头，注写基础梁两侧面对称设置的纵向构造钢筋的总配筋值（当梁腹板高度 h_w 不小于 450mm 时，根据需要配置）。侧部纵向构造钢筋的拉筋不进行标注，按构造要求（《22G101-3》对基础梁侧部纵向构造筋的拉筋构造要求为：直径为 8mm，间距是箍筋间距的两倍）进行配置即可，拉筋的配置详见 4.2 筏形基础钢筋构造。

【例】 G8Φ16，表示梁的两个侧面共配置 8Φ16 的纵向构造钢筋，每侧各配置 4Φ16。

当需要配置抗扭纵向钢筋时，梁两个侧面设置的抗扭纵向钢筋以 N 打头。

【例】 N8Φ16，表示梁的两个侧面共配置 8Φ16 的纵向抗扭钢筋，沿截面周边均匀对称设置。

注：1. 当为梁侧面构造钢筋时，其搭接与锚固长度可取为 $15d$。

2. 当为梁侧面受扭纵向钢筋时，其锚固长度为 l_a，搭接长度为 l_l；其锚固方式同基础梁上部纵筋。

（5）梁底面标高标差

注写基础主/次梁底面相对于筏形基础平板底面的标高高差。该项为选注值，有高差时需将高差写入括号内（如"高板位"与"中板位"基础梁的底面与基础平板底面标高的高差值），无高差时不注（如"低板位"筏形基础的基础梁）。

3. 原位标注识图

（1）基础主/次梁支座底部纵筋

1）认识基础主/次梁支座底部纵筋

基础主/次梁支座底部纵筋，系包括贯通纵筋与非贯通纵筋在内的所有纵筋，见图 4-1-6。

图中，6Φ20 2/4，是指该位置共有 6 根直径 20mm 的钢筋。其中上排 2 根，下排 4 根。下排的 4 根其实就是集中标注中的底部贯通纵筋。

2）基础主/次梁支座原位标注的识图

图 4-1-6 基础主/次梁支座底部纵筋实例

基础主/次梁支座原位标注识图，见表 4-1-3。

基础主/次梁支座原位标注识图 表 4-1-3

标注方法	识 图	标准说明
6 Φ 20 2/4	上下两排,上排 2 Φ 20 是底部非贯通纵筋,下排 4 Φ 20 是集中标注的底部贯通纵筋 JL01(2) 300×500 5Φ10@150/250(4) B2Φ20;T4Φ20 6Φ20 2/4	当底部纵筋多于一排时,用"/"将各排纵筋自上而下分开
6 Φ 20 2/4	支座左右的配筋均为上下两排,上排 2 Φ 20 是底部非贯通纵筋,下排 4 Φ 20 是集中标注的底部贯通纵筋 JL01(2) 300×500 5Φ10@150/250(4) B4Φ20;T4Φ20 6Φ20 2/4 支座两边配筋相同时只标注在一侧	中间支座两边配筋相同时,只标注在一侧

标注方法	识 图	标准说明
2 ⚠ 20+2 ⚠ 18	图中 2⚠20 是集中标注的底部贯通纵筋,2⚠18 底部非贯通纵筋 JL01(2) 300×500 5⚠10@150/250(4) B2⚠20;T4⚠20 2⚠20+2⚠18 两种不同直径钢筋	由两种不同直径钢筋组成,用"+"连接
4 ⚠ 20②5 ⚠ 20	(1)中间支座柱下两侧底部配筋不同,②轴左侧 4 ⚠ 20,其中 2 根为集中标注的底部贯通筋,另 2 根为底部非贯通纵筋;②轴右侧 5 ⚠ 20,其中 2 根为集中标注的底部贯通纵筋,另 3 根为底部非贯通纵筋。 (2)②轴左侧为 4 根,右侧为 5 根,它们直径相同,只是根数不同,则其中 4 根贯穿②轴,右侧多出的 1 根进行锚固 JL01(2) 300×500 5⚠10@150/250(4) B2⚠20;T4⚠20 4⚠20 5⚠20 支座两边配筋不同 ②	当梁中间支座两边底部纵筋配置不同时,需在支座两边分别标注

（2）附加箍筋或（反扣）吊筋

基础主、次梁交叉位置，基础次梁支撑在基础主梁上，因此应在基础主梁上配置附加箍筋或附加吊筋。平法标注是将其直接画在平面图中的主梁上，用线引注总配筋值（附加箍筋的肢数注在括号内）。当多数附加箍筋或（反扣）吊筋相同时，可在基础梁平法施工图上统一注明；少数与统一注明值不同时，再原位引注。

1）附加箍筋

附加箍筋的平法标注，见图 4-1-7，表示每边各加 4 根，共 8 根附加箍筋，四肢箍。附加箍筋的间距，以及与基础主/次梁本身的箍筋的关系，详见 4.2 节的钢筋构造。

2）附加吊筋

附加吊筋的平法标注，见图 4-1-8。

图 4-1-7　基础主/次梁附加箍筋平法标注

图 4-1-8　基础主/次梁附加吊筋平法标注

图 4-1-9　基础主/次梁外伸部位变截面高度尺寸

（3）外伸部位的变截面高度尺寸

基础主/次梁外伸部位如果有变截面，在该部位原位注写 $b \times h_1/h_2$，h_1 为根部截面高度，h_2 为尽端截面高度，见图 4-1-9。

（4）原位标注修正内容

当在基础梁上集中标注的某项内容（如梁截面尺寸、箍筋、底部与顶部贯通纵筋或架立筋、梁侧面纵向构造钢筋、梁底面标高高差等）不适用于某跨或某外伸部分时，则将其修正内容原位标注在该跨或该外伸部位，施工时原位标注取值优先。

当在多跨基础梁的集中标注中已注明竖向加腋，而该梁某跨根部不需要竖向加腋时，则应在该跨原位标注等截面的 $b \times h$，以修正集中标注中的加腋信息。见图 4-1-10，JL01 集中标注的截面尺寸为 300mm×700mm，第 3 跨原位标注为 300mm×500mm，表示第 3 跨发生了截面变化。

图 4-1-10　原位标注修正内容

4.1.3　筏形基础平板平法识图

梁板式筏形基础平板 LPB 的平面注写，分集中标注与原位标注两部分内容。

1. 认识梁板式筏形基础平板平法标注

梁板式筏形基础平板的平法标注方式，识图要点为：

（1）集中标注应在所表达的板区双向均为第一跨（x 与 y 双向首跨）的板上引出（图面从左至右为 x 向，从下至上为 y 向）。如图 4-1-11 所示。

图 4-1-11　筏形基础平板集中标注

筏形基础平板"板区"的划分条件：板厚相同、基础平板底部与顶部贯通纵筋配置相同的区域为同一板区。

（2）原位标注在配置相同的若干跨的第一跨下注写。

在配置相同跨的第一跨（或基础梁外伸部位），垂直于基础梁绘制一段中粗虚线（当该筋通长设置在外伸部位或短跨板下部时，应画至对边或贯通短跨），在虚线上注写编号（如①、②等）、配筋值、横向布置的跨数及是否布置到外伸部位，见图 4-1-12。

图 4-1-12　筏形基础平板原位标注

2. 集中标注

（1）集中标注识图

集中标注包括编号、截面尺寸、底部与顶部贯通纵筋及其跨数及外伸情况。见图 4-1-13。

（2）集中标注说明

集中标注说明见表 4-1-4。

梁板式筏形基础平板 LPB 集中标注说明

表 4-1-4

集中标注说明：集中标注应在双向均为第一跨引出		
注写形式	表达内容	附加说明
LPB××	基础平板编号，包括代号和序号	为梁板式基础的基础平板
$h=××××$	基础平板厚度	
X：BΦ××@××××； TΦ××@××××； （×、×A、×B） Y：BΦ××@××××； TΦ××@××××； （×、×A、×B）	x 向底部与顶部贯通纵筋强度级别、直径、间距、跨数及外伸情况 y 向底部与顶部贯通纵筋强度级别、直径、间距、跨数及外伸情况	底部纵筋应有不少于 1/3 贯通全跨，注意与非贯通纵筋组合设置的具体要求，详见制图规则。顶部纵筋应全跨连通。用 B 引导底部贯通纵筋，用 T 引导顶部贯通纵筋。（×A）：一端有外伸；（×B）：两端均有外伸；无外伸则仅注跨数（×）。图面从左至右为 x 向，从下至上为 y 向

3. 原位标注识图

（1）原位标注内容

原位标注应在配置相同跨的第一跨表达（当在基础梁悬挑部位单独配置时则在原位表达）。标注编号（如①、②等）、配筋值、横向布置的跨数及是否布置到外伸部位。见图 4-1-14。

　　注：（××）为横向布置的跨数，（××A）为横向布置的跨数及一端基础梁的外伸部位，（××B）为横向布置的跨数及两端基础梁外伸部位。

（2）原位标注说明（表 4-1-5）

梁板式筏形基础平板 LPB 原位标注说明

表 4-1-5

板底部附加非贯通筋的原位标注说明：原位标注应在基础梁下相同配筋跨的第一跨下注写		
注写形式	表达内容	附加说明
⊗ Φ××@×××(×,xA,xB) ———————— ×××× ——— 基础梁	板底部附加非贯通纵筋编号、强度级别、直径、间距（相同配筋横向布置的跨数外伸情况）；自梁边线分别向两边跨内的伸出长度值	当向两侧对称伸出时，可只在一侧注伸出长度值。外伸部位一侧的伸出长度与方式按标准构造，设计不注。相同非贯通纵筋可只注一处，其他仅在中粗虚线上注写编号。与贯通纵筋组合设置时的具体要求详见相应制图规则
注写修正内容	某部位与集中标注不同的内容	原位标注的修正内容取值优先

4. 应在图中注明的其他内容

筏形基础平板除了上述集中标注与原位标注，还有一些内容，需要在图中注明，包括：

（1）当在基础平板周边沿侧面设置纵向构造钢筋时，应在图中注明。

（2）应注明基础平板外伸部位的封边方式，当采用 U 形钢筋封边时应注明其种类、直径及间距。

（3）当基础平板外伸变截面高度时，应注明外伸部位的 h_1/h_2，h_1 为板根部截面高度，h_2 为板尽端截面高度。

（4）当基础平板厚度大于 2m 时，应注明具体构造要求。

（5）当在基础平板外伸阳角部位设置放射筋时，应注明放射筋的种类、直径、根数以及设置方式等。

（6）板的上、下部纵筋之间设置拉筋时，应注明拉筋的种类、直径、双向间距等。

（7）应注明混凝土垫层厚度与强度等级。

（8）结合基础主梁交叉纵筋的上下关系，当基础平板同一层面的纵筋相交叉时，应注明何向纵筋在下、何向纵筋在上。

（9）设计需注明的其他内容。

4.1.4 平板式筏形基础识图

1. 认识平板式筏形基础的平法标注

平板式筏形基础有两种构造形式，如图 4-1-13 所示。一种是由柱下板带与跨中板带组成，另一种是由基础平板组成。

图 4-1-13 平板式筏形基础构造形式

直接由基础平板组成的平板式筏形基础，其平法标注方法同梁板式筏形基础平板（只是板编号不同），此处主要讲解由柱下板带与跨中板带组成的平板式筏形基础。

柱下板带（跨中板带）的平法标注，由集中标注和原位标注组成，见图 4-1-14。

2. 柱下板带（跨中板带）的集中标注识图

柱下板带（跨中板带）的集中标注，应在第一跨（x 向为左端跨，y 向为下端跨）引出。由编号、截面尺寸、底部与顶部贯通纵筋三项内容组成，见图 4-1-15。

柱下板带（跨中板带）集中标注识图中，注意以下两个要点：

（1）板带宽度 b 是指板带短向的边长；

（2）板带的配筋中，底部和顶部贯通纵筋是指沿板长向的配筋，且只有沿长向的配筋，沿短向没有配筋。

图 4-1-14 平板式筏形基础平法标注示意图

图 4-1-15 柱下板带（跨中板带）的集中标注识图

3. 柱下板带（跨中板带）原位标注识图

以一段与板带同向的中粗虚线代表附加非贯通纵筋；柱下板带：贯穿其柱下区域绘制；跨中板带：横贯柱中线绘制。在虚线上注写底部附加非贯通纵筋的编号（如①、②等）、钢筋级别、直径、间距，以及自柱中线分别向两侧跨内的伸出长度值。当向两侧对称伸出时，长度值可仅在一侧标注，另一侧不注。外伸部位的伸出长度与方式按标准构造，设计不注。对同一板带中底部附加非贯通筋相同者，可仅在一根钢筋上注写，其他可仅在中粗虚线上注写编号。

原位注写的底部附加非贯通纵筋与集中标注的底部贯通纵筋，宜采用"隔一布一"的方式布置，即柱下板带或跨中板带底部附加纵筋与贺通纵筋交错插空布置，其标注间距与底部贯通纵筋相同（两者实际组合后的间距为各自标注间距的1/2）。

当跨中板带在轴线区域不设置底部附加非贯通纵筋时，则不做原位注写。

4.1.5 筏形基础相关构件平法识图

筏形基础相关构造是指上柱墩、下柱墩、基坑（沟）、后浇带、窗井墙构造，这些相关构造的平法标注，采用"直接引注"的方法，"直接引注"是指在平面图构造部位直接引出标注该构造的信息，见图4-1-16。基础相关构造类型与编号，见表4-1-6。

基础相关构造类型与编号　　　　　　　　　　　表 4-1-6

构造类型	代号	序号	说明
后浇带	HJD	××	用于梁板式、平板式筏形基础,条形基础
上柱墩	SZD	××	用于平板式筏形基础
局部增加板厚	JBH	××	用于梁板式、平板式筏形基础
基坑（沟）	JK	××	用于梁板式、平板式筏形基础
窗井墙	CJQ	××	用于梁板式、平板式筏形基础

《22G101-3》中，对筏形基础相关构造的直接引注法有专门的图示讲解，本书不再讲解，参见《22G101-3》图集。

图 4-1-16　"直接引注"法示意图

4.2 筏形基础钢筋构造

本节主要介绍筏形基础的钢筋构造，是筏形基础的各种钢筋在实际工程中可能出现的各种构造情况。知识结构如图 4-2-1 所示。

图 4-2-1 筏形基础钢筋种类

注：在实际工程中，主要采用梁板式筏形基础，平板式筏形基础应用相对较少，故本节主要介绍梁板式筏形基础。平板式筏形基础及筏形基础相关构造不做介绍。

4.2.1 基础主梁 JL 钢筋构造

1. 基础主梁底部贯通纵筋构造情况

（1）基础主梁底部贯通纵筋构造知识体系

有关基础主梁底部贯通纵筋构造知识体系如图 4-2-2 所示。（注：本书中基础主梁底部贯通纵筋按一排考虑，未考虑第二排底部贯通筋）

图 4-2-2 基础主梁底部贯通纵筋构造情况

（2）基础主梁底部贯通纵筋构造要点及识图

基础主梁底部贯通纵筋构造要点，如表 4-2-1 所示。

基础主梁底部贯通纵筋构造要点 表 4-2-1

类型	识 图	钢筋构造要点
无外伸		（1）梁包柱侧腋尺寸为50mm； （2）底部第一排贯通纵筋,伸至端部弯折 $15d$

类型	识　图	钢筋构造要点
等截面外伸		伸至外伸尽端弯折 $12d$
变截面外伸		伸至外伸尽端弯折 $12d$
梁底有高差		(1)梁底高差坡度 α,根据场地可取 $30°$、$45°$、$60°$,计算钢筋时可按 $45°$ 取值; (2)注意 l_a 的起算位置
梁宽度不同		(1)宽出部位第一排钢筋伸至对边弯折 $15d$; (2)宽出部位第二排钢筋: 弯锚:伸至对边弯折 $15d$; 直锚:$\geqslant l_a$

2. 基础主梁支座底部非贯通纵筋构造

（1）基础主梁支座底部非贯通纵筋构造知识体系

基础主梁支座底部非贯通纵筋的构造知识体系，如图4-2-3所示。

注意：基础主梁支座底部非贯通纵筋，可能位于第一排，也可能位于第二排。

基础主梁支座底部非贯通纵筋，自支座边缘向跨内延伸长度 $=\max(l_n/3, l'_n)$，见图4-2-4。

l_n 为边跨端部，取本跨中心跨度；中柱底部，取中柱中线两边较大的一跨的中心跨度。

图4-2-3 基础主梁支座底部
非贯通纵筋构造知识体系

（2）基础主梁支座底部非贯通纵筋构造要点

基础主梁支座底部非贯通纵筋构造要点，如表4-2-2所示。

图4-2-4 基础主梁支座底部非贯通纵筋延伸长度

基础主梁支座底部非贯通纵筋构造要点 表 4-2-2

类型	识 图	钢筋构造要点
无外伸		（1）基础主梁底部端部第二排非贯通筋伸至端部弯折 $15d$，水平段长度 $\geqslant 0.6l_{ab}$； （2）从柱边缘向跨内的延伸长度为 $l_n/3$

类型	识 图	钢筋构造要点
等截面外伸		（1）底部非贯通筋位于上排，则伸至端部截断；底部非贯通位于下排（与贯通位于同一排），则端部构造同贯通筋； （2）从柱中心线向跨内的延伸长度为 $\max(l_n/3, l_n')$
变截面外伸		从柱中心线向跨内的延伸长度为 $\max(l_n/3, l_n')$
中间柱下区域		从柱中心线向跨内的延伸长度为 $l_n/3$

续表

类型	识 图	钢筋构造要点
梁底有高差		(1)低位： 位于第一排的底部非贯通筋构造与底部贯通筋构造相同；位于第二排的底部非贯通筋，伸至尽端钢筋内侧，总锚长≥l_a（够直锚时可不弯钩）； (2)高位： 底部非贯通筋锚入柱内 l_a
梁宽度不同		(1)宽出部位的第一排钢筋，和顶部贯通筋成对连通； (2)宽出部位第二排底部非贯通筋： 直锚：l_a； 弯锚：伸至柱外边弯折 $15d$

3. 基础主梁顶部贯通纵筋构造知识体系

（1）基础主梁顶部贯通纵筋构造情况知识体系

讲述了基础主梁顶部贯通纵筋的构造知识体系，如图 4-2-5 所示。

图 4-2-5　基础主梁顶部贯通纵筋构造情况

（2）基础主梁顶部贯通纵筋构造要点

基础主梁顶部贯通纵筋构造要点，如表 4-2-3 所示。

基础主梁顶部贯通纵筋构造要点   表 4-2-3

类型	识　图	钢筋构造要点
无外伸		（1）顶部贯通纵筋伸至端部弯折 15d； （2）当直段长度≥l_a 时，可不弯折； （3）梁包柱侧腋尺寸为 50mm
等截面外伸		（1）顶部上排钢筋伸于外伸尽端弯折 12d； （2）顶部下排钢筋不伸入外伸部位，伸至柱内 l_a
变截面外伸		（1）顶部上排钢筋伸于外伸尽端弯折 12d； （2）顶部下排钢筋不伸入外伸部位，锚入柱内 l_a

续表

类型	识图	钢筋构造要点
梁顶有高差		(1)低位:锚入 l_a; (2)高位上排:伸至柱外边下弯至低位梁顶再加 Z; (3)高位下排:伸至尽端钢筋内侧弯折 $15d$;当直段长度≥l_a 时可不弯折
梁宽度不同		宽出部位第一排和第二排钢筋; 弯锚:伸到柱尽端钢筋内侧弯折 $15d$; 直锚:直段长度≥l_a

4. 基础梁与柱结合部侧腋、竖向加腋筋构造情况

基础梁与柱结合部侧腋构造情况可分为五种,见表4-2-4。

基础梁与柱结合部侧腋构造情况　　　　　　　　表4-2-4

情　况	识　图
十字交叉基础梁与柱结合部侧腋构造	

情　况	识　图
丁字交叉基础梁与柱结合部侧腋构造	直径≥12且不小于柱箍筋直径,间距与柱箍筋间距相同 φ8@200 l_a 50 50 直径≥12且不小于柱箍筋直径,间距与柱箍筋间距相同　φ8@200
无外伸基础梁与角柱结合部侧腋构造	直径≥12且不小于柱箍筋直径,间距与柱箍筋间距相同 l_a　l_a 50　50 φ8@200 50　50 50　50 直径≥12且不小于柱箍筋直径,间距与柱箍筋间距相同
基础梁中心穿柱侧腋构造	50　l_a 50 45° 50 50 直径≥12且不小于柱箍筋直径,间距与柱箍筋间距相同　φ8@200
基础梁偏心穿柱与柱结合部侧腋构造	直径≥12且不小于柱箍筋直径,间距与柱箍筋间距相同 φ8@200 l_a 50 ≥基础梁角部纵筋最大直径 (柱外侧纵筋在梁角筋内侧)

基础主梁 JL 竖向加腋筋构造，可以参见本书"条形基础"的有关章节，具体标准参见《22G101-3》图集第 80 页。

5. 箍筋构造情况

基础主梁箍筋构造见表 4-2-5。

<table>
<tr><td colspan="3" align="center">基础主梁箍筋构造　　　　　　　　　　　　表 4-2-5</td></tr>
<tr><th>箍筋位置</th><th>识　图</th><th>构造要点</th></tr>
<tr>
<td>起步距离箍筋</td>
<td>箍筋起步距离 50　L　垫层</td>
<td>(1) 箍筋起步距离为 50mm；
(2) 基础主梁变截面外伸、梁高加腋位置，箍筋高度渐变</td>
</tr>
<tr>
<td>节点区域箍筋</td>
<td>50　50　h_1　h_1　b　b　b　h_1　s</td>
<td>节点区内箍筋按梁端箍筋设置。梁相交叉宽度内的箍筋按截面高度较大的基础梁设置，同跨箍筋有两种时，各自设置范围按具体设计注写</td>
</tr>
<tr>
<td>纵筋受力钢筋搭接区箍筋</td>
<td>分界箍筋　搭接长度范围　分界箍筋</td>
<td>受拉搭接区域的箍筋间距：不大于搭接钢筋较小直径的 5 倍，且不大于 100mm；

受压搭接区域的箍筋间距：不大于搭接钢筋较小直径的 10 倍，且不大于 200mm</td>
</tr>
</table>

4.2.2　基础次梁 JCL 钢筋构造

1. 基础次梁底部贯通纵筋构造

(1) 基础次梁底部贯通纵筋构造知识体系

基础次梁底部贯通纵筋的构造知识体系，如图 4-2-6 所示。

(2) 基础次梁底部贯通纵筋构造要点及识图

基础次梁底部贯通纵筋的构造要点及识图，见表 4-2-6。

图 4-2-6 基础次梁底部贯通纵筋构造情况

基础次梁底部贯通纵筋的构造要点及识图   表 4-2-6

类型	识 图	钢筋构造要点
无外伸	基础主梁JL 基础次梁JCL $\geqslant l_a$	锚固 l_a
有外伸	基础主梁JL 基础次梁JCL $12d$ 基础主梁JL 基础次梁JCL $12d$	伸至端部,弯折 $12d$
梁底有高差	注意 l_a 起算位置 基础主梁JL l_a 基础次梁JCL l_a α	锚入 l_a(注意起算位置,与基础主梁有所不同)

类型	识图	钢筋构造要点
梁宽度不同		锚入 l_a

2. 基础次梁顶部贯通纵筋构造情况

（1）基础次梁顶部贯通纵筋构造情况知识体系

基础次梁顶部贯通纵筋的构造知识体系，如图 4-2-7 所示。

图 4-2-7 基础次梁顶部贯通纵筋构造情况

（2）基础次梁顶部贯通纵筋构造要点及识图

基础次梁顶部贯通纵筋的构造要点及识图，见表 4-2-7。

基础次梁顶部贯通纵筋的构造要点及识图   表 4-2-7

类型	识图	钢筋构造要点
端部无外伸	≥12d且至少到梁中线	≥12d 且到梁中线
端部有外伸	基础主梁JL 基础次梁JCL 12d；基础主梁JL 基础次梁JCL 12d	伸至端部，弯折 12d

续表

类型	识 图	钢筋构造要点
梁顶有高差		$\geqslant l_a$且至少到梁中线
梁宽度不同		宽出部位的顶部贯通纵筋至尽端钢筋内侧弯折$15d$，当直线段$\geqslant l_a$时可不弯折

3. 基础次梁支座底部非贯通纵筋构造

（1）基础次梁支座底部非贯通纵筋构造知识体系

基础次梁支座底部非贯通纵筋的构造知识体系，如图4-2-8所示。

图4-2-8 基础次梁支座底部非贯通纵筋构造知识体系

基础次梁支座底部非贯通纵筋，自支座中心线向跨内延伸长度＝max（$l_n/3$，l_n'），l_n和l_n'的取值同基础主梁支座底部非贯通纵筋，详见本小节基础主梁的相关内容。

（2）基础次梁支座底部非贯通纵筋构造要点

基础次梁支座底部非贯通纵筋构造要点，见表4-2-8。

基础次梁支座底部非贯通纵筋构造要点 表4-2-8

类型	识 图	钢筋构造要点
端部无外伸		锚固 l_a；自基础主梁边缘向跨内的延伸长度 $\max(l_n/3, l_n')$；l_n 及 l_n' 取值同 JL
端部有外伸		伸到尽端截断；跨内延伸至 $\max(l_n/3, l_n')$
梁宽度不同		宽出部位的底部非贯通纵筋，总锚 l_a；贯通筋延伸长度 $l_n/3$
变截面	基础次梁 JCL 变截面（梁底有高差）时，底部非贯纵筋的构造，与基础主梁 JL 相同，详见本小节基础主梁相关内容	
中间柱下区域	基础次梁 JCL 中间柱下区域底部非贯通纵筋的构造，与基础主梁 JL 相同，详见本小节基础主梁相关内容	

4. 加腋筋构造情况

基础次梁 JCL 加腋筋构造，与基础主梁 JL 加腋筋的构造相同，只是基础次梁 JCL 没有梁侧加腋，详见本小节基础主梁的相关内容及 22G101 图集。

5. 箍筋构造情况

基础次梁箍筋构造见表4-2-9。

基础次梁箍筋构造 表 4-2-9

箍筋位置	识　图	构造要点
起步距离内	箍筋起步距离 50 垫层 L	箍筋起步距离为 50mm；基础次梁变截面外伸、梁高加腋位置，箍筋高度渐变
节点区	基础次梁节点区不设箍筋	基础次梁节点区不设箍筋

4.2.3　梁板式筏形基础平板 LPB 钢筋构造

1. 底部贯通纵筋构造

（1）底部贯通纵筋构造知识体系

梁板式筏形基础平板 LPB 底部贯通纵筋的构造知识体系，如图 4-2-9 所示。

图 4-2-9　基础平板 LPB 底部贯通纵筋构造知识体系

（2）基础平板 LPB 底部贯通纵筋构造要点及识图

基础平板 LPB 底部贯通纵筋构造要点及识图，见表 4-2-10。

基础平板 LPB 底部贯通纵筋构造要点及识图 表 4-2-10

类型	识　图	构造要点
端部无外伸	梁或墙 $\max(s/2,75)$ $15d$	长度：伸至端部弯折 $15d$；根数：起步距离＝$\max(s/2,75)$

类型	识图	构造要点
端部有外伸		底部钢筋伸至端部弯折 $12d$
		底部钢筋伸至端部弯折 $12d$
变截面（板底有高差）		高位和低位板底筋，锚固 l_a（注意锚固的起算位置）
基坑		筏形基础平板底部钢筋，伸入基坑锚固 l_a

2. 顶部贯通纵筋

（1）顶部贯通纵筋构造知识体系

梁板式筏形基础平板 LPB 顶部贯通纵筋构造知识体系，如图 4-2-10 所示。

图 4-2-10 基础平板 LPB 顶部贯通纵筋构造情况

（2）顶部贯通纵筋构造要点及识图

梁板式筏形基础平板 LPB 顶部贯通纵筋构造要点及识图，见表 4-2-11。

基础平板 LPB 顶部贯通纵筋构造要点及识图　　　　　　　表 4-2-11

类型	识　　图	钢筋构造要点
无外伸	≥12d且至少到支座中线　梁或墙　max(s/2,75)	长度：≥12d 且到梁中线（注意起算位置是从梁边起算）；根数：起步距离为 max(s/2,75)
有外伸	≥12d且至少到支座中线　梁或墙　h　12d　12d　12d　垫层　≥l_a　l'　板的第一根筋，距基础梁边为1/2板筋间距，且不大于75　底部非贯通纵筋伸出长度	外伸段顶部纵筋伸入梁内锚固 ≥12d 且至少到梁中心线（等截面外伸、变截面外伸均相同）

续表

类型	识 图	钢筋构造要点
有外伸		外伸段顶部纵筋伸入梁内锚固≥12d 且至少到梁中心线（等截面外伸、变截面外伸均相同）
变截面（板顶有高差）		高位和低位板顶部贯通筋,均在有高差处伸入梁内锚固≥12d 且至少到梁中心线
基坑		筏形基础平板顶部纵筋伸入基坑底加 l_a(注意,伸入基坑底的部位,没有另一方向的纵筋)

3. 底部非贯通纵筋构造

（1）底部非贯通纵筋构造知识体系

梁板式筏形基础平板 LPB 底部非贯通纵筋的构造知识体系,如图 4-2-11 所示。

筏形基础平板 LPB 底部非贯通纵筋的钢筋构造,主要理解两个问题：一是计算长度时从基础梁中心线向跨内的延伸长度；二是计算根数时和筏形基础平板底部贯通纵筋的关系。

（2）端部、中间梁下区域,底部非贯通纵筋构造要点及识图

图 4-2-11 基础平板 LPB 底部非贯通纵筋构造知识体系

梁板式筏形基础平板 LPB 底部非贯通纵筋，在端部、中间梁下区域的长度构造要点及识图，见表 4-2-12。

端部及中间梁下区域底部非贯纵筋构造要点及识图　　　　表 4-2-12

类型	识　图	钢筋构造要点
端部		延伸长度是指从基础中心线向跨内延伸的长度
中间梁下区域		

（3）底部非贯通纵筋与同向底部贯通纵筋的根数

底部非贯通纵筋与同向底部贯通纵筋位于同一层面，宜采用"隔一布一"的方式布置，即基础平板（x 向或 y 向）底部附加非贯通纵筋与贯通纵筋间隔布置，其标注间距与底部贯通纵筋相同（两者实际组合后的间距为各自标注间距的 1/2）。其位置关系如图 4-2-12 所示。

4. 中部水平构造钢筋网

当筏形基础平板 LPB 厚度大于 2m 时，除底部与顶部贯通纵筋外，一般还要配置中

图 4-2-12　底部非贯通纵筋与同向底部贯通纵筋布置示意图

部水平构造钢筋网，平法标注方法是直接在施工图上注明中部水平构造钢筋网的直径不宜小于 12mm，间距不宜大于 300mm。

4.3　筏形基础钢筋实例计算

上一节讲述了筏形基础的平法钢筋构造，本节就这些钢筋构造情况给出计算实例。

本小节所有构件的计算条件，见表 4-3-1。

钢筋计算条件　　　　　　　　　　　　　　　　　　　　表 4-3-1

条目	规定或数值
混凝土强度	C40
纵筋连接方式	对焊(除特殊规定外,本书的纵筋钢筋接头只按定尺长度计算接头个数,不考虑钢筋的实际连接位置)
螺纹钢定尺长度	9000mm
h_c	柱宽
h_b	梁高

4.3.1　基础主梁 JL 钢筋计算实例

1. 基础主梁 JL01（一般情况）

（1）平法施工图

JL01 平法施工图，见图 4-3-1。

（2）钢筋计算

1）计算参数

① 保护层厚度 $c = 25mm$；

② $l_a = 29d$；

③ 双肢箍长度计算公式：$(b-2c) \times 2 + (h-2c) \times 2 + (1.9d+10d) \times 2$；

④ 箍筋起步距离 $= 50mm$。

图 4-3-1 JL01 平法施工图

2）钢筋计算过程如下：

① 底部及顶部贯通纵筋计算过程相同

长度＝梁长－保护层×2

　　　＝7000＋5000＋6000＋600－25×2

　　　＝18550mm

接头个数＝18550/9000－1＝2 个

② 支座 1、4 底部非贯通纵筋 2Φ25

　　　长度＝自柱边缘向跨内的延伸长度＋柱宽＋梁包柱侧腋－保护层＋15d

　　　　　＝$l_n/3+h_c+50-c+15d$

　　　　　＝(7000－600)/3＋600＋50－25＋15×25

　　　　　＝3034mm

③ 支座 2、3 底部非贯通筋 2Φ25

　　　长度＝2×自柱边缘向跨内的延伸长度＋柱宽＝$l_n/3+h_c$

　　　　　＝2×[(7000－600)/3]＋600＝4867mm

④ 箍筋长度

　　　外大箍长度＝(300－2×25)×2＋(500－2×25)×2＋2×11.9×12＝1686mm

内小箍筋长度＝[(300－2×25－25－24)/3＋25＋24]×2＋(500－2×25)×2＋2×11.9×12

　　　＝1302mm

⑤ 第 1、3 净跨箍筋根数

每边 5 根间距 100mm 的箍筋，两端共 10 根

　　　跨中箍筋根数＝(7000－600－550×2)/200－1＝26 根

　　　　　总根数＝10＋26＝36 根

⑥ 第 2 净跨箍筋根数

每边 5 根间距 100mm 的箍筋，两端共 10 根

　　　跨中箍筋根数＝(5000－600－550×2)/200－1＝16 根

　　　　　总根数＝10＋16＝26 根

⑦ 支座 1、2、3、4 内箍筋（节点内按跨端第一种箍筋规格布置）

根数＝（600－100）/100＋1＝6 根

四个支座共计：4×6＝24 根

⑧ 整梁总箍筋根数＝36×2＋26＋24＝122 根

注：计算中出现的"550"是指梁端 5 根箍筋共 500mm 宽，再加 50mm 的起步距离。

2. 基础主梁 JL02（底部与顶部贯通纵筋根数不同）

（1）平法施工图

JL02 平法施工图，见图 4-3-2。

图 4-3-2　JL02 平法施工图

（2）钢筋计算

本例只计算底部多出的 2 根贯通纵筋。

1）计算参数

保护层厚度 c＝25mm。

2）钢筋计算过程

底部多出的贯通纵筋 2Φ25：

长度＝梁总长－2c＋2×15d＝7000×2＋5000－2×25＋2×15×25＝19700mm

焊接接头个数＝19700/9000－1＝2 个

注：本书只计算接头个数，不考虑实际连接位置，小数值均向上进位。

3. 基础主梁 JL03（有外伸）

（1）平法施工图

JL03 平法施工图，见图 4-3-3。

（2）钢筋计算

1）计算参数

① 保护层厚度 c＝25mm；

② l_a＝29d；

③ 双肢箍长度计算公式：$(b-2c)×2+(h-2c)×2+(1.9d+10d)×2$；

④ 箍筋起步距离＝50mm。

2）钢筋计算过程

① 底部和顶部第一排贯通纵筋 4Φ25

长度＝梁长－2×保护层＋12d＋15d

图 4-3-3　JL03 平法施工图

$$=7000\times2+300+2000-50+12\times25+15\times25=16325mm$$

接头个数=16325/9000-1=1 个

② 支座 1 底部非贯通纵筋 2Φ25

自柱边缘向跨内的延伸长度=净跨长/3=(7000-600)/3=2467mm

外伸段长度=左跨净跨长-保护层=2000-300-25=1675mm

总长度=自柱边缘向跨内的延伸长度+外伸段长度+柱宽

$$=2467+1675+600=4742mm$$

③ 支座 2 底部非贯通筋 2Φ25

长度=柱宽+2×自柱边缘向跨内的延伸长度=600+2×[(7000-600)/3]=5534mm

④ 支座 3 底部非贯通筋 2Φ25

自柱边缘向跨内的延伸长度=净跨长/3=(7000-600)/3=2467mm

总长=自柱边缘向跨内的延伸长度+(柱宽-c)+15d

$$=2467+600-25+15\times25=3417mm$$

⑤ 箍筋

见 JL01 计算实例

4. 基础主梁 JL04（变截面高差）

（1）平法施工图

JL04 平法施工图，见图 4-3-4。

图 4-3-4　JL04 平法施工图

（2）钢筋计算（本例中不计算加腋筋）

1）计算参数

① 保护层厚度 $c=25mm$；

② $l_a=29d$；

③ 双肢箍长度计算公式：$(b-2c)\times2+(h-2c)\times2+(1.9d+10d)\times2$；

④ 箍筋起步距离＝50mm。

2）钢筋计算过程

① 1号筋（第1跨底部及顶部第一排贯通纵筋）4Φ25

计算简图：

计算过程：

顶部＝$7000-300+l_a+300-c=7000-300+29\times25+300-25=7700mm$

底部＝$7000+2\times300-2c+\sqrt{200^2+200^2}+l_a$

$\quad\quad=7000+2\times300-2\times25+\sqrt{200^2+200^2}+29\times25=8558mm$

② 2号筋 2Φ25（第1跨底部及顶部第二排贯通纵筋）

计算简图：

计算过程与1号钢筋相同。

③ 3号筋 4Φ25（第2跨底部及顶部第一排贯通纵筋）

计算简图：

顶部$=7000+600-2\times c+200+l_a+15d=7000+600-50+200+29\times25+15\times25$
$=8850\text{mm}$

底部$=7000-c+l_a+15d=7000-25+29\times25+15\times25=7700\text{mm}$

④ 4号筋 2Φ25（第2跨底部及顶部第二排贯通纵筋）

计算简图：

顶部$=7000+600-2\times c+2\times15d=7000+600-2\times25+2\times15\times25=8300\text{mm}$

底部$=7000-c+l_a+15d=7000-25+29\times25+15\times25=8075\text{mm}$

5. 基础主梁 JL05（变截面，梁宽度不同）

（1）平法施工图

JL05 平法施工图，见图 4-3-5。

图 4-3-5　JL05 平法施工图

（2）钢筋计算（本例只计算第2跨宽出部位的底部及顶部纵向钢筋）

1）计算参数

① 保护层厚度 $c=25\text{mm}$；

② $l_a=29d$；

③ 双肢箍长度计算公式：$(b-2c)\times2+(h-2c)\times2+(1.9d+10d)\times2$；

④ 箍筋起步距离$=50\text{mm}$。

2）钢筋计算过程

① 1 号钢筋（宽出部位底部及顶部第一排纵向钢筋）

示意简图：

计算过程：

顶部＝7000＋600－2×c＋2×15d＝7000＋600－50＋2×15×25＝8300mm

底部＝7000＋600－2×c＋2×15d＝7000＋600－50＋2×15×25＝8300mm

② 2 号钢筋

$$上段＝7000－c＋\max(h_c,l_a)＝7000－30＋30×25＝7720mm$$

$$侧段＝500－60＝440mm$$

$$下段＝7000－c＋\max(h_c,l_a)＝7000－30＋30×25＝7720mm$$

$$总长＝7720＋440＋7720＝15880mm$$

$$接头个数＝1个$$

4.3.2 基础次梁 JCL 钢筋计算实例

1. 基础次梁 JCL01（一般情况）

（1）平法施工图

JCL01 平法施工图，见图 4-3-6。

图 4-3-6 JCL01 平法施工图

（2）钢筋计算

1）计算参数

① 保护层厚度 c＝25mm；

② l_a＝29d；

③ 双肢箍长度计算公式：$(b-2c)×2＋(h-2c)×2＋(1.9d＋10d)×2$；

④ 箍筋起步距离＝50mm。

2）钢筋计算过程

① 顶部贯通纵筋 2Φ25

$$锚固长度＝\max(0.5h_c,12d)＝\max(300,12×25)＝300mm$$

$$长度＝净长＋两端锚固＝7000×3-600+2×300＝21000mm$$

$$接头个数＝21000/9000-1＝2个$$

② 底部贯通纵筋 4Φ25

$$长度＝净长＋两端锚固＝7000×3-600+29×25+0.35×29×25＝21379mm$$

$$接头个数＝21379/9000-1＝2个$$

③ 支座1、4底部非贯通筋 2Φ25

$$支座外延伸长度＝(7000-600)/3＝2134$$

$$长度＝b_b-c＋支座外延伸长度＝600-25+2134＝2709mm（b_b 为支座宽度）$$

④ 支座2、3底部非贯通筋 2Φ25

$$计算公式＝2×延伸长度＋b_b$$

$$＝2×[(7000-600)/3]+600＝4867mm$$

⑤ 箍筋长度

$$长度＝2×[(300-60)+(500-60)]+2×11.9×10＝1598mm$$

⑥ 箍筋根数

$$三跨总根数＝3×[(6400-100)/200+1]＝98 根$$

基础次梁箍筋只布置在净跨内，支座内不布置箍筋，参考《22G101-3》第86页。

2. 基础次梁 JCL02（变截面有高差）

（1）平法施工图

JCL02 平法施工图，见图 4-3-7。

图 4-3-7　JCL02 平法施工图

（2）钢筋计算

1）第1跨顶部贯通筋 2Φ25

$$锚固长度＝\max(0.5h_c，12d)＝\max(300，12×25)＝300mm$$

$$长度净长＋两端锚固＝6400+2×300＝7000mm$$

2）第 2 跨顶部贯通筋 2Φ20

$$锚固长度 = \max(0.5h_c, 12d) = \max(300, 12 \times 25) = 300\text{mm}$$
$$长度 = 净长 + 两端锚固 = 6400 + 2 \times 300 = 7000\text{mm}$$

3）下部钢筋

同基础主梁 JL 梁顶梁底有高差的情况。

4.3.3 梁板式筏基平板 LPB 钢筋计算实例（一般情况）

1. 平法施工图

LPB01 平法施工图，见图 4-3-8。

图 4-3-8　LPB01 平法施工图

注：外伸端采用 U 形封边构造，U 形钢筋为 Φ20@300，封边处侧部构造筋为 2Φ8

2. 钢筋计算

（1）计算参数

① 保护层厚度 $c = 40\text{mm}$；

② 双肢箍长度计算公式：$(b - 2c) \times 2 + (h - 2c) \times 2 + (1.9d + 10d) \times 2$；

③ 纵筋起步距离 $= s/2$。

（2）钢筋计算过程

① X 向板底贯通纵筋 Φ14@200

计算依据：

左端无外伸，底部贯通纵筋伸至端部弯折 $15d$；右端外伸，采用 U 形封边方式，底部贯通纵筋伸至端部弯折 $12d$

$$长度＝7300＋6700＋7000＋6600＋1500＋400－2\times40＋15d＋12d$$
$$＝7300＋6700＋7000＋6600＋1500＋400－2\times40＋15\times14＋12\times14$$
$$＝29798mm$$

$$接头个数＝29798/9000－1＝3 个$$
$$根数＝(8000\times2＋800－100\times2)/200＋1＝84 根$$

注：取配置较大方向的底部贯通纵筋，即 X 向贯通纵筋满铺，计算根数时不扣基础梁所占宽度。

② Y 向板顶贯通纵筋Φ12@200

计算依据：

两端无外伸，底部贯通纵筋伸至端部弯折 $15d$

$$长度＝8000\times2＋2\times400－2\times40＋2\times15d$$
$$＝8000\times2＋2\times400－2\times40＋2\times15\times12＝17080mm$$
$$接头个数＝17080/9000－1＝1 个$$
$$根数＝(7300＋6700＋7000＋6600＋1500－2750)/200＋1＝133 根$$

③ X 向板顶贯通纵筋Φ12@180

计算依据：

左端无外伸，顶部贯通纵筋锚入梁内 max（$12d$，0.5 梁宽）；右端外伸，采用 U 形封边方式，底部贯通纵筋伸至端部弯折 $12d$

$$长度＝7300＋6700＋7000＋6600＋1500＋400－2\times40＋max(12d,350)＋12d$$
$$＝7300＋6700＋7000＋6600＋1500＋400－2\times40＋max(12\times12,350)＋12\times12$$
$$＝29914mm$$

$$接头个数＝29914/9000－1＝3 个$$
$$根数＝(8000\times2－600－700)/180＋1＝83 根$$

④ Y 向板顶贯通纵筋Φ12@180

计算依据：

长度与 Y 向板底部贯通纵筋相同；两端无外伸，底部贯通纵筋伸至端部弯折 $15d$。

$$长度＝8000\times2＋2\times400－2\times40＋2\times15d$$
$$＝8000\times2＋2\times400－2\times40＋2\times15\times12＝17080mm$$
$$接头个数＝17080/9000－1＝1 个$$
$$根数＝(7300＋6700＋7000＋6600＋1500－2750)/180＋1＝148 根$$

⑤（2）号板底部非贯通纵筋Φ14@200（①轴）

计算依据：

左端无外伸，底部贯通纵筋伸至端部弯折 $15d$

$$长度＝2400＋400－40＋15d＝2400＋400－40＋15\times14＝2970mm$$
$$根数＝(8000\times2＋800－100\times2)/200＋1＝84 根$$

⑥（2）号板底部非贯通纵筋$\Phi14@200$（②、③、④轴）

$$长度＝2400×2＝4800mm$$

$$根数＝(8000×2+800-100×2)/200+1＝84 根$$

⑦（2）号板底部非贯通纵筋$\Phi12@200$（⑤轴）

计算依据：

右端外伸，采用 U 形封边方式，底部贯通纵筋伸至端部弯折 12d。

$$长度＝2400+1500-40+12d＝2400+1500-40+12×12＝4004mm$$

$$根数＝(8000×2+800-100×2)/200+1＝84 根$$

⑧（1）号板底部非贯通纵筋$\Phi12@200$（Ⓐ、Ⓑ轴）

$$长度＝2700+400-40+15d＝2700+400-40+15×12＝3240mm$$

$$根数＝(7300+6700+7000+6600+1500-2750)/200+1＝133 根$$

⑨（1）号板底部非贯通纵筋$\Phi12@200$（Ⓑ轴）

$$长度＝2700×2＝5400mm$$

$$根数＝(7300+6700+7000+6600+1500-2750)/200+1＝133 根$$

⑩ U 形封边筋$\Phi20@300$

$$长度＝板厚-上下保护层+2×15d＝500-40×2+2×15×20＝1020mm$$

$$根数＝(8000×2+800-2×40)/300+1＝57 根$$

⑪ U 形封边侧部构造筋 4$\Phi8$

$$长度＝8000×2+400×2-2×40＝16720mm$$

$$构造搭接个数＝16720/9000-1＝1 个$$

$$构造搭接长度＝150mm$$

习 题

1. 请将下表填写完整。

构件名称	基础主梁(柱下)		梁板筏基础平板		跨中板带	
构件代号		JCL		ZXB		BPB

2. JL7（5B）的含义是什么？

3. 基础主梁与次梁交接处基础主梁箍筋贯通，次梁箍筋距主梁边 _____ 开始布置。

5 柱 构 件

5.1 柱构件平法识图

5.1.1 《22G101》柱构件平法识图学习方法

1. 柱构件的分类

柱构件的分类，如图 5-1-1 所示。

2. 柱构件平法识图知识体系

柱构件的平法识图知识体系，如图 5-1-2 所示。

图 5-1-1 柱构件分类

图 5-1-2 柱构件平法识图知识体系

5.1.2 柱构件平法识图

1. 柱构件的平法表达方式

柱构件的平法表达方式分"列表注写方式"和"截面注写方式"两种。在实际工程应用中，这两种表达方式所占比例相近，故本书这两种表达方式均进行讲解。

（1）柱构件列表注写方式

柱构件列表注写方式，系在柱平面布置图上（一般只需采用适当比例绘制一张柱平面布置图，包括框架柱、转换柱、芯柱等），分别在同一编号的柱中选择一个（有时需要选择几个）截面标注几何参数代号；在柱表中注写柱编号、柱段起止标高、几何尺寸（含柱截面对轴线的定位情况）与配筋的具体数值，并配以柱截面形状及其箍筋类型的方式来表达柱平法施工图。

　　柱列表注写方式与识图，见图 5-1-3。

　　如图 5-1-3 所示，阅读列表注写方式表达的柱构件，要从 3 个方面结合和对应起来阅读，见表 5-1-1。

柱　表

柱编号	标高(m)	b×h(mm×mm)(圆柱直径D)	b₁(mm)	b₂(mm)	h₁(mm)	h₂(mm)	全部纵筋	角筋	b边一侧中部筋	h边一侧中部筋	箍筋类型号	箍筋	备注
KZ1	-4.530~-0.030	750×700	375	375	150	550	28Φ25				1(6×6)	Φ10@100/200	
	-0.030~19.470	750×700	375	375	150	550	24Φ25				1(5×4)	Φ10@100/200	
	19.470~37.470	650×600	325	325	150	450		4Φ22	5Φ22	4Φ20	1(4×4)	Φ10@100/200	—
	37.470~59.070	550×500	275	275	150	350		4Φ22	5Φ22	4Φ20	1(4×4)	Φ8@100/200	
XZ1	-4.530~8.670						8Φ25				按标准构造详图	Φ10@100	⑤×Ⓒ轴KZ1中设置

图 5-1-3　柱构件列表注写方式示例

柱列表注写方式与识图　　　　　　　　　　　　　表 5-1-1

内　　容	说　　　　明
柱平面图	柱平面图上注明了本图适用的标高范围,根据这个标高范围,结合"层高与标高表",判断柱构件在标高上位于的楼层
层高与标高表	层高与标高表用于和柱平面图、柱表对照使用
柱表	柱表用于表达柱构件的各个数据,包括截面尺寸、标高、配筋等等

　　(2) 柱截面注写方式及识图方法

　　柱构件截面注写方式，是在柱平面布置图的柱截面上，分别在同一编号的柱中选择一个截面，以直接注写截面尺寸和配筋具体数值的方式来表达柱平法施工图。

　　柱截面注写方式表示方法与识图，见图 5-1-4。

　　如图 5-1-4 所示，柱截面注写方式的识图，应从柱平面图和层高标高表两个方面对照阅读。

　　(3) 柱列表注写方式与截面注写方式的区别

　　柱列表注写方式与截面注写方式存在一定的区别，见图 5-1-5。可以看出，截面注写方式不仅是单独注写柱列表，而是用直接在柱平面图上的截面注写，就包括列表注写中柱列表的内容。

图 5-1-4 柱截面注写方式

柱列表注写方式与截面注写方式的区别

图 5-1-5 柱列表注写方式与截面注写方式的区别

2. 柱列表注写方式识图要点

（1）截面尺寸

矩形截面尺寸用 $b \times h$ 表示，$b = b_1 + b_2$，$h = h_1 + h_2$，圆形柱截面尺寸由"$D(d)$"打头注写圆形柱直径，并且仍然用 b_1，b_2，h_1，h_2 表示圆形柱与轴线的位置关系，并使 $d = b_1 + b_2 = h_1 + h_2$，见图 5-1-6。

（2）芯柱

根据结构需要，可以在某些框架柱的一定高度范围内，在其内部的中心位置设置（分别引注其柱编号）。芯柱中心应与柱中心重合，并标注其截面尺寸。芯柱定位随框架柱，不需要注写其与轴线的几何关系。

图 5-1-6 柱列表注写方式识图要点

柱编号	标高(m)	$b \times h$(mm×mm) (圆柱直径D)	b_1(mm)	b_2(mm)	h_1(mm)	h_2(mm)
KZ1	−0.030～19.470	750×700	375	375	150	550
	19.470～37.470	650×600	325	325	150	450

见图 5-1-7。

柱编号	标高(m)	$b \times h$(mm×mm) (圆柱直径D)	b_1(mm)	b_2(mm)	h_1(mm)	h_2(mm)	全部纵筋	角筋	b边一侧 中部筋	h边一侧 中部筋	箍筋 类型号	箍筋
KZ1	−4.530～−0.030	750×700	375	375	150	550	28Φ25				1(6×6)	Φ10@100/200
XZ1	−4.530～8.670						8Φ25				按标准构造详图	Φ10@100

图 5-1-7 芯柱识图

1）芯柱截面尺寸、与轴线的位置关系：

芯柱截面尺寸不用标注，芯的截面尺寸不小于柱相应边截面尺寸的 1/3，且不小于 250mm。

芯柱与轴线的位置与柱对应，不进行标注。

2）芯柱配筋，由设计者确定。

（3）纵筋

当柱纵筋直径相同，各边根数也相同时（包括矩形柱、圆柱和芯柱），将纵筋注写在"全部纵筋"一栏中；除此之外，柱纵筋分角筋、截面 b 边中部筋和 h 边中部筋三项分别注写（对于采用对称配筋的矩形截面柱，可仅注写一侧中部筋，对称边省略不注；对于采用非对称配筋的矩形截面柱，必须每侧均注写中部筋）。

（4）箍筋

注写柱箍筋，包括钢筋种类、直径与间距。箍筋间距区分加密与非加密时，用"/"隔开。当框架节点核心区内箍筋与柱端箍筋设置不同时，应在括号内注明核心区箍筋直径及间距。当箍筋沿柱全高为一种间距时，则不使用"/"。

当圆柱采用螺旋箍筋时，需在箍筋前加"L"。

【例】 Φ10@100/250，表示箍筋为 HPB300，钢筋直径为Φ10，加密区间距为100mm，非加密区间距为250mm。

Φ10@100/250（Φ12@100），表示柱中箍筋为 HPB300 级钢筋，直径为 10mm，加密区间距为 100mm，非加密区间距为 250mm。框架节点核芯区箍筋为 HPB300 级钢筋，直径为 12mm，间距为 100mm。

图 5-1-8　截面注写方式的芯柱表达

【例】 Φ10@100，表示沿柱全高范围内箍筋均为 HPB300 级钢筋，直径为 10mm，间距为 100mm。

【例】 LΦ10@100/200，表示采用螺旋箍筋，HPB300 级钢筋，直径为 10mm，加密区间距为 100mm，非加密区间距为 200mm。

3. 柱截面注写方式识图要点

（1）芯柱

截面注写方式中，若某柱带有芯柱，则直接在截面注写中，注写芯柱编号及起止标高见图 5-1-8，芯柱的构造尺寸如图 5-1-9 所示。

图 5-1-9　芯柱构造

（2）配筋信息

配筋信息的识图要点，见表 5-1-2。

配筋信息识图要点 表 5-1-2

表 示 方 法	识 图
KZ2 650×600 22Φ22 Φ10@100/200 325　325 450 150	如果纵筋直径相同,可以注写纵筋总数

表 示 方 法	识 图
	如果纵筋直径不同,先引出注写角筋,然后各边再注写其纵筋;如果是对称配筋,则在对称的两边中,只注写其中一边即可
	如果是非对称配筋,则每边注写实际的纵筋

其他识图要点与列表注写方式相同,此处不再重复。

5.2 框架柱构件钢筋构造

本节主要介绍柱构件(主要为框架柱 KZ)的钢筋构造,即柱构件的各种钢筋在实际工程中可能出现的各种构造情况。框架柱构件的钢筋构造,按构件组成、钢筋组成,可将框架柱构件的钢筋种类总结为图 5-2-1 所示的内容。

图 5-2-1 框架柱构件钢筋种类

5.2.1 基础内柱插筋构造

基础内柱插筋可分为四种情况，如表 5-2-1。

基础内柱插筋 表 5-2-1

构造	识图	构造要点
构造（一）	间距≤500,且不少于两道矩形封闭箍筋(非复合箍)　伸至基础板底部,支承在底板钢筋网片上　50　100　基础顶面　$\geqslant l_{aE}$　h_j　基础底面　$6d$且$\geqslant150$	保护层厚度＞$5d$；基础高度满足直锚
构造（二）	①　间距≤500,且不小于两道矩形封闭箍筋(非复合箍)　100　50　基础顶面　h_j　基础底面　伸至基础板底部支承在底板钢筋网上　$\geqslant0.6l_{abE}$　$\geqslant20d$　基础顶面　基础底面　$15d$　①	保护层厚度＞$5d$；基础高度不满足直锚
构造（三）	伸至基础板底部,支承在底板钢筋网片上　50　100　基础顶面　锚固区横向箍筋(非复合箍)　$\geqslant l_{aE}$　h_j　基础底面　自柱纵向钢筋外皮算起≤$5d$　$6d$且$\geqslant150$	保护层厚度≤$5d$；基础高度满足直锚

续表

构 造	识 图	构造要点
构造（四）		保护层厚度≤5d；基础高度不满足直锚

注：1. 图中，h_j 为基础底面至基础顶面的高度，柱下为基础梁时，h_j 为梁底面至顶面的高度。当柱两侧基础梁标高不同时，取较低标高。

2. 锚固区横向箍筋应满足直径≥$d/4$（d 为纵筋最大直径），间距≤$5d$（d 为纵筋最小直径）且≤100mm 的要求。

3. 当柱纵筋在基础中保护层厚度不一致（如纵筋部分位于梁中，部分位于板内），保护层厚度≤$5d$ 的部分应设置锚固区横向钢筋。

4. 当符合下列条件之一时，可仅将柱四角纵筋伸至底板钢筋网片上或者筏形基础中间层钢筋网片上（伸至钢筋网片上的柱纵筋间距不应大于 1000mm），其余纵筋锚固在基础顶面下 l_{aE} 即可。

   1）柱为轴心受压或小偏心受压，基础高度或基础顶面至中间层钢筋网片顶面距离不小于 1200mm。

   2）柱为大偏心受压，基础高度或基础顶面至中间层钢筋网片顶面距离不小于 1400mm。

5. 图中，d 为柱纵筋直径。

5.2.2 地下室框架柱钢筋构造

1. 认识地下室框架柱

（1）认识地下室框架柱

地下室框架柱是指地下室内的框架柱，与楼层中的框架柱在钢筋构造上有所不同，示意图见图 5-2-2。

（2）基础结构和上部结构的划分位置

"基础顶嵌固部位"是指基础结构和上部结构的划分位置，见图 5-2-3。

图 5-2-2 地下室框架柱示意图

图 5-2-3 基础结构和上部结构的划分位置

有地下室时，基础结构和上部结构的划分位置，由设计注明。

2. 地下室框架柱钢筋构造

（1）上部结构嵌固部位位于基础顶面以上

地下室框架柱（上部结构嵌固部位位于基础顶面以上）钢筋构造，见表 5-2-2。

地下室框架柱（上部结构嵌固部位位于基础顶面以上）钢筋构造 　表 5-2-2

绑 扎 搭 接	机 械 连 接	焊 接 连 接

(1)上部结构的嵌固位置，即基础结构和上部结构的划分位置，在地下室顶面；

(2)上部结构嵌固位置，柱纵筋非连接区高度为 $H_n/3$；

(3)地下室各层纵筋非连接区高度为 $\max(h_n/6, h_c, 500)$；

(4)地下室顶面非连接区高度为 $H_n/3$

（2）上部结构嵌固部位在地下一层或基础顶面

地下室框架柱（上部结构嵌固部位在地下一层或基础顶面）钢筋构造，见表 5-2-3。

地下室框架柱（上部结构嵌固部位在地下一层或基础顶面）钢筋构造　　**表 5-2-3**

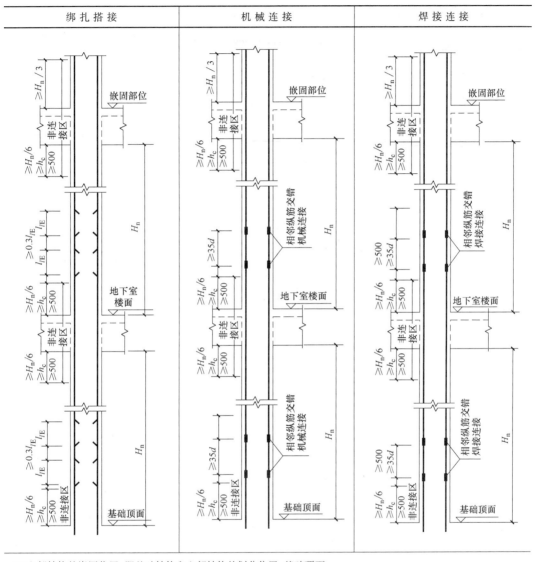

绑 扎 搭 接	机 械 连 接	焊 接 连 接

(1) 上部结构的嵌固位置,即基础结构和上部结构的划分位置,基础顶面;

(2) 上部结构嵌固位置,柱纵筋非连接区高度为 $H_n/3$;

(3) 地下室各层纵筋非连接区高度为 $\max(H_n/6, h_c, 500)$;

(4) 地下室顶面非连接区高度为 $H_n/3$

5.2.3　中间层柱钢筋构造

1. 楼层中框架柱纵筋基本构造

楼层中框架柱纵筋基本构造要点为:

(1) 低位钢筋长度＝本层层高－本层下端非连接区高度＋伸入上层的非连接区高度;

（2）高位钢筋长度＝本层层高－本层下端非连接区高度－错开接头高度＋伸入上层非连接区高度＋错开接头高度；

（3）非连接区高度取值：

楼层中：$\max (H_n/6, H_c, 500)$；

基础顶面嵌固部位：$H_n/3$。

2. 框架柱中间层变截面钢筋构造

框架柱中间层变截面钢筋构造可分为五种情况，见表5-2-4。

框架柱中间层变截面钢筋构造 表5-2-4

情 况	识 图	构 造 要 点
		（1）下层柱纵筋断开收头，上层柱纵筋伸入下层； （2）下层柱纵筋伸至该层顶＋12d； （3）上层柱纵筋伸入下层1.2l_{aE}
$\Delta/h_b \leqslant 1/6$		下层柱纵筋斜弯连续伸入上层，不断开
		（1）下层柱纵筋断开收头，上层柱纵筋伸入下层； （2）下层柱纵筋伸至该层顶＋12d； （3）上层柱纵筋伸入下层1.2l_{aE}

情　况	识　图	构造要点
$\Delta/h_b \leqslant 1/6$	楼面　Δ　50　h_b	下层柱纵筋斜弯连续伸入上层，不断开
	l_{aE}　$1.2l_{aE}$　楼面　h_b	(1)下层柱纵筋断开收头，上层柱纵筋伸入下层； (2)下层柱纵筋伸至该层顶$+l_{aE}$； (3)上层柱纵筋伸入下层$1.2l_{aE}$

3. 上、下柱钢筋根数不同时（上柱钢筋比下柱钢筋根数多）钢筋构造识图

上柱钢筋比下柱钢筋根数多，其钢筋构造见图5-2-4。

上层柱比下层柱钢筋根数多时，钢筋构造要点：

上层柱多出的钢筋伸入下层$1.2l_{aE}$（注意起算位置）。

4. 上、下柱钢筋根数不同时（下柱钢筋比上柱钢筋根数多）钢筋构造识图

下柱钢筋比上柱钢筋根数多，其钢筋构造见图5-2-5。

下柱钢筋比上柱钢筋根数多时，钢筋构造要点：

下层柱多出的钢筋伸入上层$1.2l_{aE}$（注意起算位置）。

5. 上、下柱钢筋直径不同时（上柱钢筋比下柱钢筋直径大）钢筋构造识图

上柱钢筋比下柱钢筋直径大，其钢筋构造见图5-2-6。

上柱钢筋比下柱钢筋直径大时，钢筋构造要点：

上层较大直径钢筋伸入下层的上端非连接区与下层较小直径的钢筋连接。

6. 上、下柱钢筋直径不同时（下柱钢筋比上柱钢筋直径大）钢筋构造识图

下柱钢筋比上柱钢筋直径大，其钢筋构造见图5-2-7。

图 5-2-4 上柱比下柱钢筋
根数多的钢筋构造

图 5-2-5 下柱钢筋比上柱钢筋
根数多的钢筋构造

图 5-2-6 上柱钢筋比下柱钢筋
直径大的钢筋构造

图 5-2-7 下柱钢筋比上柱钢筋
直径大的钢筋构造

下柱钢筋比上柱钢筋直径大时，钢筋构造要点：

下层较大直径钢筋伸入上层的上端非连接区与上层较小直径的钢筋连接。

5.2.4 顶层柱钢筋构造

1. 顶层边柱、角柱与中柱

框架柱顶层钢筋构造，要区分边柱、角柱和中柱，见图 5-2-8。

边柱、角柱和中柱，钢筋构造知识体系见图 5-2-9。

2. 顶层中柱钢筋构造

顶层中柱钢筋构造可分为四种情况，见表 5-2-5。

图 5-2-8　边柱、角柱与中柱

图 5-2-9　边柱、角柱和中柱钢筋构造知识体系

顶层中柱钢筋构造　　　　　　　　　　　　　表 5-2-5

识　图	钢筋构造要点
12*d*　伸至柱顶，且≥0.5*l*~abE~	顶层中柱全部纵筋伸至柱顶弯折 12*d*
12*d*　伸至柱顶，且≥0.5*l*~abE~	顶层中柱全部纵筋伸至柱顶弯折 12*d*

识 图	钢筋构造要点
	顶层中柱全部纵筋伸至柱顶加锚头（锚板）
	顶层中柱全部纵筋伸至柱顶直锚

3. 顶层边柱、角柱钢筋构造

顶层边柱和角柱的钢筋构造，先要区分内侧钢筋和外侧钢筋，区别的依据是角柱有两条外侧边，边柱只有一条外侧边。

顶层边柱、角柱的钢筋构造如图 5-2-10～图 5-2-12 所示。进行钢筋算量时，形式选用

图 5-2-10 柱外侧纵向钢筋和梁上部纵向钢筋在节点外侧弯折搭接构造（一）

（a）梁宽范围内钢筋［伸入梁内柱纵向钢筋做法（从梁底算起 $1.5l_{abE}$ 超过柱内侧边缘）］；

（b）梁宽范围内钢筋［伸入梁内柱纵向钢筋做法（从梁底算起 $1.5l_{abE}$ 未超过柱内侧边缘）］；

图 5-2-10　柱外侧纵向钢筋和梁上部纵向钢筋在节点外侧弯折搭接构造（二）

（c）梁宽范围外钢筋在节点内锚固；（d）梁宽范围外钢筋伸入现浇板内锚固（现浇板厚度不小于 100mm 时）

图 5-2-11　柱外侧纵向钢筋和梁上部钢筋在柱顶外侧直线搭接构造

（a）梁宽范围内钢筋；（b）梁宽范围外钢筋

图 5-2-12　梁宽范围内柱外侧纵向钢筋弯入梁内作梁筋构造

根据实际施工图确定，选用后注意屋面框架梁钢筋要与之匹配。

5.2.5　框架柱箍筋构造

框架柱箍筋构造要点：

（1）箍筋长度：

$$矩形封闭箍筋长度 = 2 \times [(b-2c+d)+(h-2c+d)] + 2 \times 11.9d$$

（2）箍筋根数（加密区范围，如图 5-2-13 所示）：

图 5-2-13　箍筋加密区范围

（a）地下室 KZ 箍筋加密区范围；（b）KZ 箍筋加密区范围；（c）单向穿层 KZ 箍筋加密区范围（单方向无梁且无板）；（d）双向穿层 KZ 箍筋加密区范围（双方向无梁且无板）

1）基础内箍筋根数：间距≤500mm 且不少于两道矩形封闭箍筋。

注意：基础内箍筋为非复合箍。

2）地下室框架柱箍筋根数：加密区为地下室框架柱纵筋非连接区高度（地下室框架柱纵筋非连接区高度见本小节相关内容）。

（3）柱根位置：箍筋加密区高度为 $H_n/3$。

（4）中间节点高度：当与框架柱相连的框架梁高度或标高不同，注意节点高度的范围。

（5）节点区起止位置：框架柱箍筋在楼层位置分段进行布置，楼面位置起步距离为 50mm。

（6）特殊情况：短柱全高加密（见图集《22G101-1》第 69 页）。

5.3 框架柱构件钢筋实例计算

本节就框架柱构件的平法钢筋构造，举实例计算。

本小节所有构件的计算条件，见表 5-3-1。

钢筋计算条件 表 5-3-1

计算条目	规定或数值	计算条目	规定或数值
混凝土强度	C30	h_c	柱长边尺寸
纵筋连接方式	电渣压力焊	h_b	梁高
抗震等级	一级抗震		

如图 5-3-1 所示：

图 5-3-1 KZ1

注：KZ1 为边柱，C25 混凝土保护，三级抗震，采用焊接连接，主筋在基础内水平弯折为 200mm，基础箍筋 2 根，主筋的交错位置、箍筋的加密位置及长度按《22G101-1》计算。

计算过程：

考虑相邻纵筋连接接头需错开，纵筋要分两部分计算：

基础部分：

6Φ25：
$$L_1 = 底部弯折 + 基础高 + 基础顶面到上层接头的距离（满足 \geqslant H_n/3）$$
$$= 200 + (1000 - 100) + (3200 - 500)/3$$
$$= 200 + 1800 = 2000$$

6Φ25：
$$L_2 = 底部弯折 + 基础高 + 基础顶面到上层接头的距离 + 纵筋交错距离$$
$$= 200 + (1000 - 100) + (3200 - 500)/3 + \max(35d, 500)$$
$$= 200 + 2675 = 2875$$

一层：

12Φ25：
$$L_1 = L_2 = 层高 - 基础顶面距接头距离 + 上层楼面距接头距离$$
$$= 3200 - H_n/3 + \max(H_n/6, h_c, 500)$$
$$= 3200 - 900 + 550 = 2850$$

二层：

12Φ25：
$$L_1 = L_2 = 层高 - 本层楼面距接头距离 + 上层楼面距接头距离$$
$$= 3200 - \max(H_n/6, h_c, 500) + \max(H_n/6, h_c, 500)$$
$$= 3200 - 550 + 550$$
$$= 3200$$

三层：

12Φ25：
$$L_1 = L_2 = 层高 - 本层楼面距接头距离 + 上层楼面距接头距离$$
$$= 3200 - \max(H_n/6, h_c, 500) + \max(H_n/6, h_c, 500)$$
$$= 3200 - 550 + 550$$
$$= 3200$$

顶层：

柱外侧纵筋 4Φ25：

2Φ25：
$$L_1 = 层高 - 本层楼面距接头距离 - 梁高 + 柱头部分$$
$$= 3200 - [\max(H_n/6, h_c, 500) - 500 + h_b - h_c + 1.5l_{aE} - (h_b - Bh_c)]$$
$$= 3200 - [550 - 500 + (500 - 30) + 1.5 \times 42 \times 25 - (500 - 30)] = 1575$$

2⽤25:

L_2=层高−(本层楼面距接头距离+本层相邻纵筋交错距离)−梁高+柱头

　　=3200−[max(H_n/6,h_c,500)+max(35d,500)−500−h_b−Bh_c+1.5l_{aE}−(H_b−Bh_c)]

　　=3200−(550+35×25)−500+(500−30)+1.5×42×25−(500−30)

　　=1745+1105

　　=2850

柱内侧纵筋 8⽤25:

4⽤25:

$$L_1=层高−本层楼面距接头距离−梁高+柱头部分$$

$$=3200−max(H_n/6,h_c,500)−500+h_b−Bh_c+12d$$

$$=3200−550−500+500−30+12×25$$

$$=2620+300$$

$$=2920$$

4⽤25:

$$L_2=层高−(本层楼面距接头距离+本层相邻纵筋交错距离)−梁高+柱头$$

$$=3200−[max(H_n/6,h_c,500)+max(35d,500)]−500+h_b−Bh_c+12d$$

$$=3200−(550+35×25)−500+(500−30)+12×25$$

$$=1745+300$$

$$=2045$$

箍筋尺寸:

$$B 边 550−2×30+2×8=506$$

$$H 边 550−2×30+2×8=506$$

箍筋根数:

一层:

$$加密区长度=H_n/3+h_b+max(柱长边尺寸,H_n/6,500)$$

$$=(3200−500)/3+500+550$$

$$=1950$$

$$非加密长度=H_n−加密区长度$$

$$=(3200−500)−1950=750$$

$$N=(1950/100)+(750/200)+1=25$$

二层:

$$加密区长度=2×max(柱长边尺寸,H_n/6,500)+h_b$$

$$=2×550+500=1600$$

$$非加密区长度＝H_n－加密区长度$$
$$＝(3200－500)－1600＝1100$$
$$N＝(1600/100)＋(1100/200)＋1$$
$$＝23$$

三、四层同二层总根数：

$$N＝2＋25＋23×3＝96 \text{ 根}$$

习　题

1. 请将下表填写完整。

构件名称	框架柱		芯柱
构件代号		ZHZ	

2. 计算楼层的框架柱箍筋根数。已知楼层的层高为 4.20m，框架柱 KZ1 的截面尺寸为 700mm×650mm，箍筋标注为 $\phi10@100/200$，该层顶板的框架梁截面尺寸为 300mm×700mm。

习　题　答　案

1. KZ，转换柱，XZ

2. 【解】

（1）本层楼的柱净高为 $H_n＝4200－700＝3500$mm

框架柱截面长边尺寸 $h_c＝700$mm

$H_n/h_c＝3500/700＝5>4$，由此可以判断该框架柱不是"短柱"。

加密区长度＝$\max(H_n/6, h_c, 500)＝\max(3500/6, 700, 500)＝700$mm

（2）上部加密区箍筋根数计算

加密区长度＝$\max(H_n/6, h_c, 500)＋框架梁高度＝700＋700＝1400$mm

根数＝1400/100＝14 根

所以上部加密区实际长度＝14×100＝1400mm

（3）下部加密区箍筋根数计算

加密区长度＝$\max(H_n/6, h_c, 500)＝700$mm

根数＝700/100＝7 根

所以下部加密区实际长度＝7×100＝700mm

（4）中间非加密区箍筋根数计算

非加密区长度＝4200－1400－700＝2100mm

根数＝2100/200＝11 根

（5）本层 KZ1 箍筋根数计算

根数＝14＋7＋11＝32 根

6 剪力墙构件

6.1 剪力墙构件平法识图

6.1.1 《22G101》剪力墙构件平法识图学习方法

1. 剪力墙构件的组成

剪力墙构件不是一个独立的构件，而是由墙身、墙梁、墙柱共同组成。

2. 剪力墙构件平法识图知识体系

剪力墙构件的制图规则，平法识图知识体系如图 6-1-1 所示。

说明：1. 截面注写数据标注方式：在剪力墙平面布置图上，以直接在墙身、墙柱、墙梁上注写截面尺寸和配筋具体数值的方式来表示在剪力墙平法施工图。

2. 洞口：无论采用列表注写还是截面注写，剪力墙洞口均可以剪力墙平面图上原位表达，表达的内容包括：洞口编号、几何尺寸、洞口中心相对标高、洞口每边补强钢筋。

6.1.2 剪力墙构件平法识图

1. 剪力墙构件的平法表达方式

剪力墙构件的平法表达方式分列表注写和截面注写两种形式。

（1）剪力墙构件列表注写方式

剪力墙构件的列表注写方式，系分别在剪力墙柱表、剪力墙身表和剪力墙梁表中，对应剪力墙平面布置图上的编号，用绘制截面配筋图并注写几何尺寸与配筋具体数值的方式，来表达剪力墙平法施工图。

剪力墙列表注写方式识图方法，就是剪力墙平面图与剪力墙柱表、剪力墙身表和剪力墙梁表的对照阅读，具体来说就是：

1）剪力墙柱表对应剪力平面图上墙柱的编号，在列表注写截面尺寸及具体数值。

2）剪力墙身表对应剪力墙平面图的墙身编号，在列表中注写尺寸及配筋的具体数值。

3）剪力墙梁表对应剪力墙平面图的墙梁编号，在列表中注写截面尺寸及配筋的具体数值。

剪力墙列表注写方式示例，见图 6-1-2。

（2）剪力墙截面注写方式

剪力墙截面注写方式，系在按标准层绘制的剪力墙平面布置图上，以直接在墙柱、墙梁、墙身上注写截面尺寸和配筋具体数值的方式来表达剪力墙平法施工图。

图 6-1-1 剪力墙构件平法识图知识体系

剪力墙梁表

编号	所在楼层号	梁顶相对标高高差	梁截面 $b \times h$	上部纵筋	下部纵筋	侧面纵筋	箍 筋
LL2	3	-1.200	300×2520	4Φ25	4Φ25	22Φ12	Φ10@150(2)
	4	-0.900	300×2070	4Φ25	4Φ25	18Φ12	Φ10@150(2)
	5~9	-0.900	300×1770	4Φ25	4Φ25	16Φ12	Φ10@150(2)
	10-屋面1	-0.900	250×1770	4Φ22	4Φ22	16Φ12	Φ10@150(2)

剪力墙柱表

截 面	1050 300 300 300
编 号	YBZ1
标 高	-0.030 ~12.270
纵 筋	24Φ20
箍 筋	Φ10@100

剪力墙身表

编号	标 高	墙 厚	水平分布筋	垂直分布筋	拉筋(矩形)
Q1	-0.030~30.270	300	Φ12@200	Φ12@200	Φ6@600@600
	30.270~59.070	250	Φ10@200	Φ10@200	Φ6@600@600

图 6-1-2 剪力墙列表注写方式示例

剪力墙截面注写方式，见图 6-1-3。

图 6-1-3 剪力墙截面注写方式示例

2. 剪力墙平法识图要点

前面讲解了剪力墙的平法表达方式分列表注写和截面注写两种方式，这两种表达方式的表达的数据项是相同，这里，就讲解这些数据项具体在阅读和识图时要点。

（1）结构层高及楼面标高识图要点

对于一、二级抗震设计的剪力墙结构，有一个"底部加强部位"，注写在"结构层高与楼面标高"表中，见图 6-1-4。

（2）墙梁识图要点

1）墙梁的识图要点为：墙梁标高与层高的关系，见图 6-1-5。

图 6-1-5 中，通过对照连梁表与结构层高标高表，就能得出各层的连梁 LL2 的标高位置。

剪力墙梁表

编号	所在楼层号	梁顶相对标高高差	梁截面 $b×h$	上部纵筋	下部纵筋	侧面纵筋	箍 筋
LL2	3	−1.200	300×2520	4Φ25	4Φ25	22Φ12	Φ10@150(2)
	4	−0.900	300×2070	4Φ25	4Φ25	18Φ12	Φ10@150(2)
	5~9	−0.900	300×1770	4Φ25	4Φ25	16Φ12	Φ10@150(2)
	10~屋面	−0.900	250×1770	4Φ22	4Φ22	16Φ12	Φ10@150(2)

屋面2	65.670	
塔层2	62.370	3.30
屋面1（塔层1）	59.070	3.30
10	33.870	3.60
9	30.270	3.60
8	26.670	3.60
7	23.070	3.60
6	19.470	3.60
5	15.870	3.60
4	12.270	3.60
3	8.670	3.60
2	4.470	4.20
1	−0.030	4.50
−1	−4.530	4.50
−2	−9.030	4.50
层号	标高(m)	层高(m)

图 6-1-4 底部加强部位

屋面2	65.670	
10	33.870	3.60
9	30.270	3.60
8	26.670	3.60
7	23.070	3.60
6	19.470	3.60
5	15.870	3.60
4	12.270	3.60
3	8.670	3.60
2	4.470	4.20
1	−0.030	4.50
−1	−4.530	4.50
−2	−9.030	4.50
层号	标高(m)	层高(m)

图 6-1-5 墙梁表的识图要点

2）墙梁的分类及编号见表 6-1-1。

墙梁编号   表 6-1-1

墙梁类型	代 号	序 号
连梁	LL	××
连梁（跨高比不小于5）	LLk	××
连梁（对角暗撑配筋）	LL(JC)	××
连梁（对角斜筋配筋）	LL(JX)	××
连梁（集中对角斜筋配筋）	LL(DX)	××
暗梁	AL	××
边框梁	BKL	××

3）在剪力墙梁表中表达的内容：

① 墙梁编号。

② 墙梁所在楼层号。

③ 墙梁顶面标高高差，系指相对于墙梁所在结构层楼面标高的高差值。高于者为正值，低于者为负值，当无高差时不注。

④ 墙梁截面尺寸 $b×h$，上部纵筋，下部纵筋和箍筋的具体数值。

⑤ 当连梁设有对角暗撑时［代号为 LL（JC）××］，注写暗撑的截面尺寸（箍筋外

皮尺寸）；注写一根暗撑的全部纵筋，并标注"×2"表明有两根暗撑相互交叉；注写暗撑箍筋的具体数值。

⑥当连梁设有交叉斜筋时［代号为 LL（JX）××］，注写连梁一侧对角斜筋的配筋值，并标注"×2"表明对称设置；注写对角斜筋在连梁端部设置的拉筋根数、强度级别及直径，并标注"×4"表示四个角都设置；注写连梁一侧折线筋配筋值，并标注"×2"表明对称设置。

⑦当连梁设有集中对角斜筋时［代号为 LL（DX）××］，注写一条对角线上的对角斜筋，并标注"×2"表明对称设置。

⑧跨高比不小于 5 的连梁，按框架梁设计时（代号为 LLk××），采用平面注写方式，注写规则同框架梁，可采用适当比例单独绘制，也可与剪力墙平法施工图合并绘制。

⑨当设置双连梁、多连梁时，应分别表达在剪力墙平法施工图上。

墙梁侧面纵筋的配置，当墙身水平分布钢筋满足连梁和暗梁侧面纵向构造钢筋的要求时，该筋配置同墙身水平分布钢筋，表中不注，施工按标准构造详图的要求即可。

当墙身水平分布钢筋不满足连梁侧面纵向构造钢筋的要求时，应在表中补充注明设置的梁侧面纵筋的具体数值，纵筋沿梁高方向均匀布置；当采用平面注写方式时，梁侧面纵筋以大写字母"N"打头。

梁侧面纵向钢筋在支座内锚固要求同连梁中受力钢筋。

（3）墙柱识图要点

1）墙柱箍筋组合

剪力墙的墙柱箍筋通常为复合箍筋。识图时，应注意箍筋的组合，也就是分清何为一根箍筋。只有分清了才能计算其长度，见图 6-1-6。

2）墙柱的分类

剪力墙的墙梁分类在上一点已介绍，墙梁比较容易区分，本小节前面介绍剪力墙构件组成时就已进行了介绍。

图 6-1-6 墙柱箍筋组合

墙柱的类型及编号，见表 6-1-2。

墙柱的编号　　　　　　　　　　　表 6-1-2

墙柱类型	编号	墙柱类型	编号
约束边缘构件	YBZ	非边缘暗柱	AZ
构造边缘构件	GBZ	扶壁柱	FBZ

注：构造边缘构件包括构造边缘暗柱、构造边缘端柱、构造边缘翼墙、构造边缘转角墙四种。约束边缘构件包括约束边缘暗柱、约束边缘端柱、约束边缘翼墙、约束边缘转角墙四种。

3）剪力墙柱表中表达的内容

①墙柱编号，绘制该墙柱的截面配筋图，标注墙柱几何尺寸。

a. 构造边缘构件需注明阴影部分尺寸。

b. 约束边缘构件需注明阴影部分尺寸。

c. 扶壁柱及非边缘暗柱需标注几何尺寸。

② 各段墙柱的起止标高,自墙柱根部往上以变截面位置或截面未变但配筋改变处为界分段注写。墙柱根部标高一般指基础顶面标高(部分框支剪力墙结构则为框支梁顶面标高)。

③ 各段墙柱的纵向钢筋和箍筋,注写值应与在表中绘制的截面配筋图对应一致。纵向钢筋注总配筋值;墙柱箍筋的注写方式与柱箍筋相同。

(4)墙身识图要点

1)墙身识图要点:注意墙身与墙柱及墙梁的位置关系。

2)在剪力墙身表中表达的内容:

① 写墙身编号(含水平与竖向分布钢筋的排数)。

② 各段墙身起止标高,自墙身根部往上以变截面位置或截面未变但配筋改变处为界分段注写。墙身根部标高一般指基础顶面标高(部分框支剪力墙结构则为框支梁顶面标高)。

③ 注写水平分布钢筋、竖向分布钢筋和拉结筋的具体数值。注写数值为一排水平分布钢筋和竖向分布钢筋的规格与间距,具体设置几排已经在墙身编号后面表达。当内外排竖向分布钢筋配筋不一致时,应单独注写内、外排钢筋的具体数值。

拉结筋应注明布置方式"矩形"或"梅花"布置,用于剪力墙分布钢筋的拉结,见图6-1-7(图中,a 为竖向分布钢筋间距,b 为水平分布钢筋间距)。

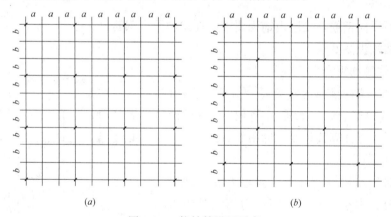

(a)　　　　　　　　　　　　　(b)

图 6-1-7　拉结筋设置示意

(a)拉结筋@$3a$@$3b$ 矩形($a\leqslant200$、$b\leqslant200$);(b)拉结筋@$4a$@$4b$ 梅花($a\leqslant150$、$b\leqslant150$)

6.2　剪力墙构件钢筋构造

本节讲解剪力墙构件的钢筋构造,即剪力墙构件的各种钢筋在实际工程中可能出现的各种构造情况。钢筋构造知识体系如图6-2-1所示。

6.2.1　墙身钢筋构造

1. 墙身水平分布筋构造

(1)墙身水平分布筋构造总述

图 6-2-1 剪力墙构件钢筋构造知识体系

墙身水平分布筋构造总述，见图 6-2-2。

图 6-2-2 墙身水平分布筋构造总述

（2）墙身水平分布筋墙柱锚固

墙身水平分布筋墙柱锚固构造，见表 6-2-1。

墙身水平分布筋墙柱锚固构造   表 6-2-1

钢筋构造要点：（以内侧钢筋为例）	识 图
墙身水平分布筋墙柱锚固：伸至对边弯折 15d	
当墙柱截面尺寸较大（≥l_{aE}），墙身水平分布筋在墙柱内锚固：伸至对边弯折 15d	
当墙柱截面尺寸较大（≥l_{aE}），墙身水平分布筋在墙柱内锚固：伸至对边弯折 15d	

（3）墙身水平分布筋转角处构造（直角）

墙身水平分布筋转角处构造（直角），见表 6-2-2。

（4）墙身水平分布筋转角处构造（斜交）

墙身水平分布筋转角处构造（斜交），见图 6-2-3。

墙身水平分布筋转角处构造（直角）　　　　　　　　　　　表 6-2-2

钢筋构造要点	识　图
墙身水平分布筋转角处构造（直角）中锚固： 　外侧钢筋：伸至对边弯折 $15d$ 　内侧钢筋：伸至对边弯折 $15d$	

墙身水平分布筋转角处构造（斜交）要点：

墙身水平分布筋在斜交处锚固 $15d$。

（5）墙身水平分布筋翼墙构造（直角）

墙身水平分布筋翼墙构造（直角），见图 6-2-4。

墙身水平分布筋翼墙构造（直角）要点：

图 6-2-3　墙身水平分布筋转角处构造（斜交）

图 6-2-4 墙身水平分布筋翼墙构造（直角）

墙身水平分布筋伸至对边弯折 15d。

（6）墙身水平分布筋翼墙构造（斜交）

墙身水平分布筋翼墙构造（斜交），见图 6-2-5。

图 6-2-5 墙身水平分布筋翼墙构造（斜交）

墙身水平分布筋翼墙构造（斜交）要点：

墙身水平分布筋在斜交处锚固 15d。

2. 墙身竖向筋构造

（1）墙身竖向筋构造总述

墙身竖向筋构造总述，见图 6-2-6。

图 6-2-6 墙身竖向筋构造总述

（2）剪力墙墙身竖向分布钢筋在基础中构造

剪力墙墙身竖向分布钢筋在基础中构造如图 6-2-7 所示。

（3）墙身竖向分布钢筋连接构造

墙身竖向分布钢筋连接构造，见表 6-2-3。

图 6-2-7　剪力墙墙身竖向分布钢筋在基础中构造

（a）保护层厚度＞5d；（b）保护层厚度≤5d；（c）搭接连接

墙身竖向分布钢筋连接构造 表 6-2-3

钢筋构造要点	识　图
一、二级抗震等级剪力墙加强部位竖向分布钢筋搭接构造：错开搭接 $1.2l_{aE}$	
各级抗震剪力墙竖向分布钢筋中，相邻钢筋采用交错机械连接	
各级抗震剪力墙竖向分布钢筋中，相邻钢筋采用交错焊接	
一、二级抗震等级剪力墙非底部加强部位或三、四及抗震等级剪力墙竖向分布钢筋可在同一部位搭接，搭接长度 $\geqslant 1.2l_{aE}$	

（4）墙身竖向筋楼层中基本构造

墙身竖向筋楼层中基本构造，见图 6-2-8。

墙身竖向筋楼层中基本构造要点：

1）低位：本层层高+伸入上层 $1.2l_{aE}$；

2）高位：本层层高$-1.2l_{aE}-500$+伸入上层 $1.2l_{aE}$+

$500+1.2l_{aE}$。

（5）墙身竖向筋楼层中构造（变截面）

墙身竖向筋楼层中基本构造，见图 6-2-9。

墙身竖向筋楼层中构造（变截面）要点：

变截面处，下层墙竖向筋伸至本层顶，自板底起算加

l_{aE}，并且平直段长度$\geqslant 12d$。

图 6-2-8　墙身竖向筋
楼层中基本构造

图 6-2-9　墙身竖向筋楼层中构造（变截面）

（6）墙身竖向筋顶层构造

墙身竖向筋顶层构造，见表 6-2-4。

墙身竖向筋顶层构造　　　　　　　　　　　　　　　　　　表 6-2-4

钢筋构造要点	识　　图
（1）竖向分布筋伸至剪力墙顶部后弯折，弯折长度为 $12d$；当一侧剪力墙有楼板时，墙柱钢筋均向楼板内弯折，当剪力墙两侧均有楼板时，竖向钢筋可分别向两侧楼板内弯折	屋面板或楼板 $\geqslant 12d$ $\geqslant 12d$ 墙水平分布钢筋 墙身或边缘构件（不含端柱）　屋面板或楼板 $\geqslant 12d$ $\geqslant 12d$ 墙水平分布钢筋 墙身或边缘构件（不含端柱）
（2）当剪力墙竖向钢筋在边框梁中锚固时，构造特点为：直锚 l_{aE}	边框梁 l_{aE} 墙身或边缘构件（不含端柱）（梁高度满足直锚要求时）　$\geqslant 12d$ $\geqslant 12d$ 边框梁 墙身或边缘构件（不含端柱）（梁高度不满足直锚要求时）

（7）墙身竖向筋根数构造

墙身竖向筋根数构造要点：

1）墙端为构造性柱，墙身竖向筋在墙净长范围内布置，起步距离为一个钢筋间距。

2）墙端为约束性柱，约束性柱的扩展部位配置墙身筋（间距配合该部位的拉筋间距）；约束性柱扩展部位以外，正常布置墙竖向筋。

3. 墙身拉结筋构造

墙身拉结筋根数构造，见图 6-2-10。

图 6-2-10　墙身拉结筋构造

（a）拉结筋@4a@4b 梅花（a≤150mm、b≤150mm）；

（b）拉结筋@3a@3b 矩形（a≤200mm、b≤200mm）

墙身拉结筋根数构造要点：

（1）墙身拉结筋有梅花形和矩形布置两种构造，如设计未明确注明，一般采用梅花形布置；

（2）墙身拉结筋布置：

在层高范围：从楼面往上第二排墙身水平筋，至顶板往下第一排墙身水平筋；

在墙身宽度范围：从端部的墙柱边第一排墙身竖向钢筋开始布置；

连梁范围内的墙身水平筋，也要布置拉结筋。

（3）一般情况，墙拉结筋间距是墙水平筋或竖向筋间距的 2 倍。

6.2.2　墙柱钢筋构造

剪力墙墙柱可分为：约束边缘暗柱、约束边缘端柱、约束边缘翼墙（柱）、约束边缘转角墙（柱）、构造边缘暗柱、构造边缘端柱、构造边缘翼墙（柱）、构造边缘转角墙（柱）、非边缘暗柱、扶壁柱。在此不作详细介绍。

6.2.3 墙梁钢筋构造

1. 墙梁钢筋构造知识体系

墙梁钢筋构造知识体系，见图 6-2-11。

图 6-2-11 墙梁构件钢筋构造知识体系

2. 连梁 LL 钢筋构造

连梁 LL 钢筋构造，见表 6-2-5。

连梁 LL 钢筋构造   表 6-2-5

钢筋构造要点	识　图
(1)中间层连梁在中间洞口,纵筋长度＝洞口宽＋两端锚固 max(l_{aE},600)	

双洞口连梁(双跨)

钢筋构造要点	识 图
（2）中间层连梁在端部洞口处： 端部锚固同墙身水平筋：伸至对边弯折$15d$，或直锚$\max(l_{aE},600)$； 另一侧锚固同上	
（3）中间层连梁端部锚固： 连梁纵筋在洞口两端支座的直锚$\max(l_{aE},600)$	单洞口连梁(单跨)

3. 暗梁 AL 钢筋构造

暗梁 AL 钢筋构造，见表 6-2-6。

暗梁 AL 钢筋构造   表 6-2-6

钢筋构造要点	识　图
(1)中间层暗梁： 端部锚固同墙身水平筋,伸至对边弯折 15d	楼层AL　15d　15d　50　50
(2)顶层暗梁端部锚固： 顶部钢筋伸至端部弯折 $1.7l_{abE}$,底部钢筋同墙身水平筋伸至对边弯折 15d	墙顶AL　≥$1.7l_{abE}$　15d　50
(3)与连梁重叠时： 暗梁纵筋与箍筋算到连梁边,暗梁纵筋与连梁纵筋若位置与规格相同的,则可贯通,规格不同的则相互搭接	位置与规格相同时纵筋可直通　≥l_{aE}且≥600　≥l_{aE}且≥600　AZ

4. 边框梁 BKL 钢筋构造

边框梁 BKL 钢筋构造,见表 6-2-7。

边框梁 BKL 钢筋构造   表 6-2-7

钢筋构造要点	识　图
(1)中间层边框梁： 端部锚固同墙身水平筋,伸至对边弯折 15d	楼层BKL　50　15d　15d　50

续表

钢筋构造要点	识　图
(2)顶层边框梁端部锚固： 顶部钢筋伸至端部弯折 $1.7l_{abE}$，底部钢筋同墙身水平筋伸至对边弯折 $15d$	
(3)与连梁重叠时： 边框梁与连梁的箍筋及纵筋各自计算，规格和位置相同的可直通	

6.3　剪力墙构件钢筋实例计算

上一节讲解了剪力墙的平法钢筋构造，本节就这些钢筋构造情况举实例计算。

剪力墙身表达形式为 Q××（×排），括号内为墙身所配置的水平钢筋与竖向钢筋的排数。

剪力墙身共有三种钢筋，水平钢筋、竖向钢筋及拉筋。端柱、小墙肢的竖向钢筋构造与框架柱相同，水平钢筋的计算比较简单，拉筋尺寸及根数要依据具体设计来进行计算。

下面就以一个实例来计算墙的配筋，如图 6-3-1、图 6-3-2 及表 6-3-1 所示。

注：1. 剪力墙 Q1，三级抗震，C25 混凝土保护层为 15mm，各层楼板厚度均为 100mm；

2. l_{aE}、l_{lE} 取值按图集《22G101-1》第 59、62 页的规定。

图 6-3-1　剪力墙竖向分布钢筋

（a）基础层；（b）中间层；（c）顶层

图 6-3-2 剪力墙水平分布钢筋

剪力墙身表 表 6-3-1

编号	标 高	墙厚	水平分布筋	垂直分布筋	拉 筋
Q12排	−0.030~9.570	300	Φ12@200	Φ12@200	Φ6@200

计算过程：

（1）基础部分纵筋：

$$L = 基础内弯折 + 基础内高度 + 搭接长度 l_{lE}$$
$$= 240 + (1200 - 100) + 1.6 \times l_{aE}$$
$$= 240 + (1200 - 100) + 1.6 \times 42 \times 12$$
$$= 240 + 1906.4$$
$$= 2146.4$$

根数：

$$N = 排数 \times [(墙净长 - 50 \times 2)/间距 + 1]$$
$$= 2 \times [(5200 - 50 \times 2)/200 + 1] = 2 \times 27$$
$$= 54$$

（2）中间层：

一层：

竖向钢筋：

$$L = 层高 + 上面搭接长度 l_{lE}$$
$$= 3200 + 1.6 \times l_{aE}$$
$$= 3200 + 1.6 \times 42 \times 12 = 4006.4$$

根数：

$$N = 排数 \times [(墙净长 - 50 \times 2)/间距 + 1]$$
$$= 2 \times [(5200 - 50 \times 2)/200 + 1]$$
$$= 2 \times 27$$
$$= 54$$

（3）一层：

水平钢筋：

$$L = 左端柱长度-保护层+墙净长+左端柱长度-保护层+2×弯折$$
$$=(400-15)+5200+(400-15)+2×15d$$
$$=5970+2×15×12$$
$$=5970+180+180$$
$$=6330$$

根数：

$$N=排数×(墙净高/间距+1)$$
$$=2×[(3200-100)/200+1]$$
$$=2×17$$
$$=34$$

（4）一层：

拉筋：

$$L=墙厚-2×保护层厚度+2×直径$$
$$=300-2×15+2×6=282$$

根数：

$$N=(墙高/间距)×(墙净长/间距)$$
$$=[(3200-100)/200]×(5200/200)$$
$$=403$$

二层同一层

（5）顶层：

竖向钢筋：

$$L=层高-保护层+(L_{aE}-板厚+保护层)$$
$$=3200-15+(42×12-100+15)$$
$$=3185+419$$
$$=3604$$

根数同中间层：

$$N=54$$

水平筋和拉筋同中间层。

习　题

1. 请将下表填写完整。

构件名称	墙		扶壁柱		构造边缘构件
构件代号		LL		LLk	

2. 试计算剪力墙洞口补强纵筋的长度。已知洞口表标注为 JD5　1800×2100　1.800　6Φ20　Φ8@150，其中，剪力墙厚 300mm，混凝土强度等级为 C25，纵向钢筋 HRB400 级钢筋，墙身水平分布筋和垂直分布筋均为Φ12@250。

7 梁 构 件

7.1 梁构件平法识图

7.1.1 《22G101》梁构件平法识图学习方法

1. 梁构件的分类
梁构件的分类如图 7-1-1 所示。

2. 梁构件平法识图知识体系
梁构件的识图规则知识体系如图 7-1-2 所示。

图 7-1-1　梁构件的分类

图 7-1-2　梁构件平法识图知识体系

7.1.2 梁构件平法识图

1. 梁构件的平法表达方式（平面注写方式）

梁构件的平法表达方式分"平面注写方式"和"截面注写方式"两种，平面注写方式在实际工程中应用较广，故本书主要讲解平面注写方式。

梁构件的平面注写方式，系在梁平面布置图上，分别在不同编号的梁中各选一根梁，用在其上注写截面尺寸和配筋具体数值的方式来表达梁平法施工图，见图 7-1-3。

图 7-1-3 梁构件平面注写方式

梁构件的平面注写方式，包括"集中标注"和"原位标注"，见图 7-1-4。"集中标注"表达梁的通用数值，"原位标注"表达梁的特殊数值。

图 7-1-4 梁构件的集中标注与原位标注

2. 梁构件的识图方法

梁构件的平法识图方法，主要分为两个层次：

（1）第一个层次：通过梁构件的编号（包括其中注明的跨数），在梁平法施工图上，来识别是哪一根梁。

（2）第二个层次：就具体的一根梁，识别其集中标注与原位标注所表达的每一个符号的含义。

3. 梁构件集中标注识图

（1）梁构件集中标注示意图

梁构件集中标注包括编号、截面尺寸、箍筋、上部通长筋或架立筋、下部通长筋、侧部构造或受扭钢筋这五项必注内容及一项选注值（集中标注可以从梁的任意一跨引出），如图 7-1-5 所示。

（2）梁构件编号表示方法

梁构件集中标注的第一项必注值为梁编号，由"梁类型代号""序号""跨数及有无悬挑代号"三项组成，见图 7-1-6。

图 7-1-5 梁构件集中标注示意图

图 7-1-6 梁构件编号平法标注

梁编号中的"梁类型代号""序号""跨数及有无悬挑代号"三项符号的具体表示方法，见表 7-1-1 所示。

梁构件编号识图　　　　　　　　　　　　　　　　表 7-1-1

代　号	序　号	跨数及是否带有悬挑
KL:楼层框架梁	用数字序号表示顺序号	（××）:表示端部无悬挑,括号内的数字表示跨数
KBL:楼层框架扁梁		
WKL:屋面框架梁		
L:非框架梁		（××A）:表示一端有悬挑
KZL:框支梁		
TZL:托柱转换梁		
JZL:井字梁		（××B）:表示两端有悬挑,悬挑不计入跨数
XL:悬挑梁		

注：1. 楼层框架扁梁节点核心区代号 KBH。

　　2. 非框架梁 L、井字梁 JZL 表示端支座为铰接；当非框架梁 L、井字梁 JZL 端支座上部纵筋为充分利用钢筋的抗拉强度时，在梁代号后加"g"。

　　3. 当非框架梁 L 按受扭设计时，在梁代号后加"N"。

【例】 KL7（5A）表示第 7 号框架梁，5 跨，一端有悬挑；

L9（7B）表示第 9 号非框架梁，7 跨，两端有悬挑。

Lg7（5）表示第 7 号非框架梁，5 跨，端支座上部纵筋为充分利用钢筋的抗拉强度。

（3）梁构件截面尺寸识图

梁构件集中标注的第二项必注值为截面尺寸，平法识图见表 7-1-2。

梁构件截面尺寸识图

表 7-1-2

情　况	表 示 方 法	说明及识图要点
等截面	$b \times h$	宽×高,注意梁高是指含板厚在内的梁高度 楼板 h 注意梁高是含板厚的高度 b
加腋梁 竖向加腋梁	$b \times h \, Y c_1 \times c_2$	c_1 表示腋长,c_2 表示腋高 300×750　Y500×250 c_2 (250)　c_2 (250) c_1 (500)　c_1 (500)
加腋梁 水平加腋梁	$b \times h \, PY c_1 \times c_2$	c_1 表示腋长,c_2 表示腋宽 300×700 PY500×250 c_2 (250)　c_2 (250) c_1 (500)　c_1 (500)
悬挑变截面	$b \times h_1 / h_2$	h_1 为悬挑根部高度,h_2 为悬挑远端高度 $b \times h_1 / h_2$ 如:300/700/500 h_1 (700)　h_2 (500)

情 况	表示方法	说明及识图要点
异形截面梁	绘制断面图 表达异形截面尺寸	

（4）梁构件箍筋识图

梁构件的第三项必注值为箍筋。

梁箍筋，包括钢筋种类、直径、加密区与非加密区间距及肢数，该项为必注值。箍筋加密区与非加密区的不同间距及肢数需用斜线"/"分隔；当梁箍筋为同一种间距及肢数时，则不需用斜线；当加密区与非加密区的箍筋肢数相同时，则将肢数注写一次；箍筋肢数应写在括号内。加密区范围见相应抗震等级的标准构造详图。

【例】 Φ10@100/200（4），表示箍筋为 HPB300 钢筋，直径为 10mm，加密区间距为 100mm，非加密区间距为 200mm，均为四肢箍。

Φ8@100（4）/150（2），表示箍筋为 HPB300 钢筋，直径为 8mm，加密区间距为 100mm，四肢箍；非加密区间距为 150mm，两肢箍。

非框架梁、悬挑梁、井字梁采用不同的箍筋间距及肢数时，也用斜线"/"将其分隔开来。注写时，先注写梁支座端部的箍筋（包括箍筋的箍数、钢筋种类、直径、间距与肢数），在斜线后注写梁跨中部分的箍筋间距及肢数。

【例】 13Φ10@150/200（4），表示箍筋为 HPB300 钢筋，直径为 10mm；梁的两端各有 13 个四肢箍，间距为 150mm；梁跨中部分间距为 200mm，四肢箍。

18Φ12@150（4）/200（2），表示箍筋为 HPB300 钢筋，直径为 12mm；梁的两端各有 18 个四肢箍，间距为 150mm；梁跨中部分间距为 200mm，双肢箍。

在各类梁构件中，梁构件设置箍筋加密区，其他梁构件不设箍筋加密区，见表 7-1-3。

梁构件的箍筋识图　　　　　　　　　　　　　　　　表 7-1-3

情 况		箍筋表示基本方法	识 图
设箍筋加密区的梁构件	楼层框架梁 KL、屋面框架梁 WKL	Φ10@100/200(4)	加密区间距为 100mm，非密区间距为 200mm，均为四肢箍
	框支梁 KZL		如果加密区和非加密区，箍筋肢数不同，分别表示：Φ10@100(4)/200(2)
不设箍筋加密区的梁构件	非框架梁 L、悬挑梁 XL、井字梁 JZL	箍筋有两种情况： (1)Φ10@200(2) (2)13Φ10@150/200(4)。两端各 13 个间距 150mm 的四肢箍，梁跨中部分间距为 200mm，四肢箍	这些不设箍筋加密区的梁构件，一般只有一种箍筋间距；如果设两种箍筋间距，先注写梁支座端部的箍筋，在斜线后注写梁跨中部分的箍筋间距及肢数

（5）上部通长筋（或架立筋）标注方法

梁构件的上部通长筋或架立筋配置（通长筋可为相同或不同直径采用搭接连接、机械连接或焊接的钢筋），所注规格与根数应根据结构受力要求及箍筋肢数等构造要求而定。当同排纵筋中既有通长筋又有架立筋时，应用加号"＋"将通长筋和架立筋相联。注写时需将角部纵筋写在加号的前面，架立筋写在加号后面的括号内，以示不同直径及与通长筋的区别。当全部采用架立筋时，则将其写入括号内。

【例】 2Φ22用于双肢箍；2Φ22＋（4Φ12）用于六肢箍，其中2Φ22为通长筋，4Φ12为架立筋。

（6）下部通长筋标注方法

当梁的上部纵向钢筋和下部纵向钢筋为全跨相同，且多数跨配筋相同时，此项可加注下部纵筋的配筋值，用分号";"将上部与下部纵筋的配筋值分隔开来。

【例】 3Φ22；3Φ20，表示梁的上部配置3Φ22的通长筋，梁的下部配置3Φ20的通长筋。

注意：集中标注中少数跨不同，则将该项数值原位标注。

（7）侧部构造钢筋或受扭钢筋

当梁腹板高度 $h_w \geq 450$mm 时，需配置纵向构造钢筋，所注规格与根数应符合规范规定。此项注写值以大写字母 G 打头，接续注写设置在梁两个侧面的总配筋值，且对称配置。

【例】 G4Φ12，表示梁的两个侧面共配置4Φ12的纵向构造钢筋，每侧各配置2Φ12。

当梁侧面需配置受扭纵向钢筋时，此项注写值以大写字母 N 打头，接续注写配置在梁两个侧面的总配筋值，且对称配置。受扭纵向钢筋应满足梁侧面纵向构造钢筋的间距要求，且不再重复配置纵向构造钢筋。

【例】 N6Φ22，表示梁的两个侧面共配置6Φ22的受扭纵向钢筋，每侧各配置3Φ22。

注：1. 当为梁侧面构造钢筋时，其搭接与锚固长度可取为 $15d$。

2. 当为梁侧面受扭纵向钢筋时，其搭接长度为 l_l 或 l_{lE}，锚固长度为 l_a 或 l_{aE}；其锚固方式同框架梁下部纵筋。

（8）梁顶面标高标差

梁顶面标高高差，系指相对于结构层楼面标高的高差值，对于位于结构夹层的梁，则指相对于结构夹层楼面标高的高差。有高差时，需将其写入括号内，无高差时不注。

注：当某梁的顶面高于所在结构层的楼面标高时，其标高高差为正值，反之为负值。

【例】 某结构标准层的楼面标高为 44.950m 和 48.250m，当这两个标准层中某梁的梁顶面标高高差注写为（－0.100）时，即表明该梁顶面标高分别相对于 44.950m 和 48.250m 低 0.100m。

4. 梁构件原位标注识图

（1）梁支座上部纵筋，该部位含通长筋在内的所有纵筋

1）认识梁构件支座上部纵筋

梁支座上部纵筋，是指标注该位置的所有纵筋，包括已集中标注的上部通长筋，见图 7-1-7。

图 7-1-7　认识梁支座上部纵筋

注：4Φ22 是指该位置共有 4 根直径 22mm 的钢筋，其中包括集中标注中的上部通长筋，另外 1 根就是支座负筋。

2）梁支座上部纵筋识图

梁支座上部纵筋识图，见表 7-1-4。

梁支座上部纵筋识图　　　　　　　表 7-1-4

图　例	识　图	标准说明
KL6(2) 300×500 Φ8@100/200(2) 4Φ25;2Φ25 6Φ25　4/2 4000	上下两排，上排 4Φ25 是上部通长筋，下排 2Φ25 是支座负筋	当上部纵筋多于一排时，用斜线"/"将各排纵筋自上而下分开
KL6(2) 300×500 Φ8@100/200(2) 4Φ25;2Φ25 6Φ25　4/2	中间支座两边配筋均为上下两排，上排 4Φ25 是上部通长筋，下排 2Φ25 是支座负筋	当梁中间支座两边的上部纵筋相同时，可仅在支座的一边标注，另一边省去不注
KL6(2) 300×500 Φ8@100/200(2) 4Φ25;2Φ25 4Φ25　6Φ25　4/2	图中，2 支座左侧标注 4Φ25 全部是通长筋，右侧的 6Φ25，上排 4 根为通筋，下排 2 根为支座负筋	中间支座两边配筋不同，需在支座两边分别标注
KL6(2) 300×500 Φ8@100/200(2) 4Φ25;2Φ20 4Φ25+2Φ20	其中 2Φ25 是集中标注的上部通长筋，2Φ20 是支座负筋	当同排纵筋有两种直径时，用"+"将两种直径的纵筋相联，注写时将角部纵筋写在前面

（2）原位标注下部钢筋表示方法

1）当下部纵筋多于一排时，用斜线"/"将各排纵筋自上而下分开。

【例】 梁下部纵筋注写为6Φ25 2/4，则表示上排纵筋为2Φ25，下排纵筋为4Φ25，全部伸入支座。

2）当同排纵筋有两种直径时，用加号"+"将两种直径的纵筋相联，注写时角筋写在前面。

3）当梁下部纵筋不全部伸入支座时，将不伸入梁支座的下部纵筋数量写在括号内。

【例】 梁下部纵筋注写为6Φ25 2(−2)/4，则表示上排纵筋为2Φ25，且不伸入支座；下排纵筋为4Φ25，全部伸入支座。

梁下部纵筋注写为2Φ25+3Φ22（−3)/5Φ25，表示上排纵筋为2Φ25和3Φ22，其中3Φ22不伸入支座；下排纵筋为5Φ25，全部伸入支座。

4）当梁的集中标注中已分别注写了梁上部和下部均为通长的纵筋值时，则不需在梁下部重复做原位标注。

5）当梁设置竖向加腋时，加腋部位下部斜向纵筋应在支座下部以Y打头注写在括号内（图7-1-8），22G101-1中框架梁竖向加腋构造适用于加腋部位参与框架梁计算，其他情况设计者应另行给出构造。当梁设置水平加腋时，水平加腋内上、下部斜纵筋应在加腋支座上部以Y打头注写在括号内，上、下部斜纵筋之间用"/"分隔（图7-1-9）。

图7-1-8 梁竖向加腋平面注写方式表达示例

图7-1-9 梁水平加腋平面注写方式表达示例

（3）原位标注修正内容

当在梁上集中标注的内容（即梁截面尺寸、箍筋、上部通长筋或架立筋，梁侧面纵向构造钢筋或受扭纵向钢筋及梁顶面标高高差中的某一项或几项数值）不适用于某跨或某悬挑部分时，则将其不同数值原位标注在该跨或该悬挑部位，施工时应按原位标注数值取用。

当在多跨梁的集中标注中已注明加腋，而该梁某跨的根部却不需要加腋时，则应在该跨原位标注等截面的 $b \times h$，以修正集中标注中的加腋信息（图 7-1-8）。

（4）附加箍筋或吊筋

主、次梁交叉位置，次梁支撑在主梁上，因此应在主梁上配置附加箍筋或附加吊筋，平法标注是将其直接画在平面布置图中的主梁上，用线引注总配筋值。对于附加箍筋，设计尚应注明附加箍筋的肢数，箍筋肢数注在括号内（图 7-1-10）。当多数附加箍筋或吊筋相同时，可在梁平法施工图上统一注明。少数与统一注明值不同时，再原位引注。

图 7-1-10　附加箍筋和吊筋的画法示例

1）附加箍筋

附加箍筋的平法标注，见图 7-1-11，表示每边各加 3 根，共 6 根附加箍筋，双肢箍。

通常情况下，在主次梁相交，附加箍筋构造和附加吊筋构造只取其中之一，一般同时采用。

2）附加吊筋

附加吊筋的平法标注，见图 7-1-12，表示 2 根直径为 14mm 的吊筋。

图 7-1-11　附加箍筋平法标注　　　　图 7-1-12　附加吊筋平法标注

3）悬挑端配筋信息

悬挑端若与梁集中标注的配筋信息不同，则在原位进行标注，见图 7-1-13。

（5）代号为 L 的非框架梁

代号为 L 的非框架梁，当某一端支座上部纵筋为充分利用钢筋的抗拉强度时；对于一端与框架柱相连、另一端与梁相连的梁（代号为 KL）当其与梁相连的支座上部纵筋为充分利用钢筋的抗拉强度时，在梁平面布置图上原位标注，以符号"g"表示，如图 7-1-14 所示。

图 7-1-13　悬挑端配筋信息

图 7-1-14　梁一端采用充分利用钢筋抗拉
强度方式的注写示意

注："g"表示右端支座按照非框架梁 Lg 配筋构造

7.2　梁构件钢筋构造

　　本节主要介绍梁构件的钢筋构造，即梁构件的各种钢筋在实际工程中可能出现的各种构造情况。梁构件的钢筋构造，按构件组成、钢筋组成的思路，可将梁构件的钢筋的知识体系总结为图 7-2-1 所示的内容。

图 7-2-1　梁构件钢筋构造知识体系

说明：本节主要讲解楼层框架梁 KL，其余梁 WKL、KZL、KBL、TZL、XL、JZL、L 只针对重点注意部分进行讲解。

7.2.1 梁构件的钢筋骨架

梁构件的钢筋骨架中具体钢筋种类，见图 7-2-2。

图 7-2-2 梁构件主要钢筋种类

7.2.2 楼层框架梁钢筋构造

1. 楼层框架梁钢筋骨架

楼层框架梁钢筋骨架，见图 7-2-3。

图 7-2-3 楼层框架梁钢筋骨架

2. 上部通长筋钢筋构造

（1）上部通长筋钢筋构造总述（图 7-2-4）。

（2）端支座锚固

上部通长筋端支座锚固，钢筋构造见表 7-2-1。

图 7-2-4　上部通长筋钢筋构造总述

<table>
上部通长筋端支座锚固构造
</table>

上部通长筋端支座锚固构造　　　　　　　　　　表 7-2-1

类　型	识　图	构造要点
端支座弯锚		支座宽度不够直锚时,采用弯锚,弯锚长度$=h_c-c+15d$(h_c为支座宽度,c为保护层厚度)
端支座直锚		支座宽度够直锚时,采用直锚,直锚长度$=\max(l_{aE},0.5h_c+5d)$

续表

类　　型	识　　图	构造要点
端支座加锚头 （锚板）锚固		伸至柱外侧纵筋内侧，且$\geq 0.4l_{abE}$

（3）中间支座变截面

框架梁中间支座变截面，上部通长筋构造见表7-2-2。

上部通长筋中间支座变截面构造识图　　　　表7-2-2

情　　况	识　　图	构造要点
$\Delta_h/(h_c-50) > 1/6$		上部通长筋断开
$\Delta_h/(h_c-50) \leq 1/6$		上部通长筋斜弯通过

情　况	识　图	构造要点
梁宽度不同		宽出的钢筋锚固： $h_c-c+15d$

（4）悬挑端

上部通长筋，悬挑端构造见表7-2-3。

上部通长筋悬挑端构造　　　　　表 7-2-3

情　况	识　图	构造要点
$l<4h_b$		悬挑端净长度 $l<4h_b$，上部通长筋伸至远端下弯至梁底
$l\geqslant 4h_b$		悬挑端净长度 $l\geqslant 4h_b$： 角筋伸至远端下弯至梁底；中部钢筋下弯（45°下弯，平直段长度 $10d$）

（5）上部通长筋连接（由不同直径的钢筋连接组成）

上部通长筋的连接分两种情况：

1）上部通长筋与非贯通钢筋直径相同时，连接位置宜位于跨中1/3的范围内；

2）上部通长筋与非贯通钢筋直径不相同时，通长筋与支座负筋搭接 l_{lE}，且在同一连接区段内钢筋接头面积百分率不宜大于 50%。如图 7-2-5 所示。

图 7-2-5 上部通长筋连接情况（上部通长筋与非贯通钢筋直径不相同）

3. 侧部钢筋构造

（1）侧部钢筋构造总述

见图 7-2-6。

图 7-2-6 侧部钢筋构造总述

（2）侧部构造钢筋结构

侧部构造钢筋结构，见图 7-2-7。

图 7-2-7 侧部构造钢筋结构

（3）侧部钢筋的拉筋构造

侧部钢筋的拉筋构造，见表 7-2-4。

侧部钢筋的拉筋构造　　　　　　　　　　　　　　　表 7-2-4

钢筋构造要点：

拉筋紧靠箍筋并勾住纵筋	拉筋紧靠纵向钢筋并勾住箍筋	拉筋同时勾住箍筋和纵筋

直径：当梁宽≤350mm 时，拉筋直径为 6mm；当梁宽>350mm 时，拉筋直径为 8mm

根数：箍筋非加密区间距的 2 倍

4. 楼层框架梁下部钢筋构造

（1）下部钢筋锚固连接构造总述

1）通长与非通长下部钢筋

下部钢筋可分为通长筋和非通长筋两种情况，见表 7-2-5。

通长与非通长下部钢筋　　　　　　　　　　　　　　　表 7-2-5

类　　型	识　　图
下部通长筋	
下部非通长筋	

2）下部钢筋的锚固连接情况

楼层框架梁下部钢筋锚固连接情况，见图 7-2-8。

图 7-2-8　下部钢筋锚固连接构造

（2）中间支座锚固

楼层框架梁下部钢筋中间支座锚固构造，见图 7-2-9。

图 7-2-9　楼层框架梁下部钢筋中间支座锚固构造

（3）下部不伸入支座钢筋

楼层框架梁下部不伸入支座钢筋构造，见图 7-2-10。

图 7-2-10　楼层框架梁下部不伸入支座钢筋构造

不伸入支座钢筋构造要点：下部不伸入支座钢筋，端部距支座边 $0.1l_n$（l_n 指本跨的净跨长度）。

（4）悬挑端下部钢筋

悬挑端下部钢筋构造，见图 7-2-11。

图 7-2-11　悬挑端下部钢筋构造

悬挑端下部钢筋构造要点：

1）一端伸至悬挑尽端；

2）另一端锚入支座 $15d$。

5. 楼层框架梁支座负筋构造

（1）支座负筋构造总述

支座负筋构造总述，见图 7-2-12。

图 7-2-12 支座负筋构造总述

（2）支座负筋（一般情况）

支座负筋构造（一般情况），见图 7-2-13。

图 7-2-13 支座负筋构造（一般情况）

支座负筋钢筋构造要点：

1）支座负筋延伸长度从支座边起算；

2）上排支座负筋延伸长度 $l_{n1}/3$；

3）下排支座负筋延伸长度 $l_{n1}/4$；

4）l_{n1}：

端跨：本跨的净跨长；

中间跨：相邻两跨净跨长的较大值。

（3）三排支座负筋

三排支座负筋构造，见图 7-2-14。

三排支座负筋构造要点：

1）支座负筋延伸长度从支座边起算；

图 7-2-14　三排支座负筋构造

2）第一排支座负筋延伸长度 $l_{n1}/3$；

3）第二排下排支座负筋延伸长度 $l_{n1}/4$；

4）第二排下排支座负筋延伸长度 $l_{n1}/5$；

5）l_{n1}：

端跨：本跨的净跨长；

中间跨：相邻两跨净跨长的较大值。

（4）支座两边配筋不同

支座两边配筋不同构造，见图 7-2-15。

图 7-2-15　支座两边配筋不同构造

支座两边配筋不同构造要点：

多出的支座负筋在中间支座锚固，锚固长度同上部通长筋端支座锚固［弯锚 $h_c-c+15d$，直锚 $\max\,(l_{aE},\,0.5h_c+5d)$］。

（5）上排无支座负筋

上排无支座负筋构造，见图 7-2-16。

上排无支座负筋构造要点：

当上排全部是通长筋时，第二排支座负筋的延伸长度取 $l_{n1}/3$，依此类推。

图 7-2-16　上排无支座负筋构造

6. 架立筋钢筋构造

架立筋钢筋构造，见图 7-2-17。

图 7-2-17　架立筋钢筋构造

架立筋钢筋构造要点：

架立筋与支座负筋搭接 150mm。

7. 箍筋

楼层框架梁箍筋构造，见图 7-2-18。

图 7-2-18　楼层框架梁箍筋构造

楼层框架梁箍筋构造要点：

（1）箍筋长度＝[$(b-2\times c+d)+(h-2\times c+d)$]×2+2×11.9$d$

（2）箍筋根数：

1）起步距离 50mm；

2）箍筋加密区长度：

抗震等级为一级：≥2.0h_b且≥500mm；

抗震等级为二～四级：≥1.5h_b且≥500mm。

8. 附加吊筋

附加吊筋构造，见图 7-2-19。

图 7-2-19　附加吊筋构造

附加吊筋构造要点：

（1）吊筋直径、根数由设计标注。

（2）吊筋高度按主梁高计算（而非次梁高）。

说明：在一个主次梁相交的位置，附加吊筋和附加箍筋中，只能选用一种加强的构造。

9. 附加箍筋

附加箍筋构造，见图 7-2-20。

图 7-2-20　附加箍筋构造

附加箍筋构造要点：

（1）附加箍筋布置范围内梁正常箍筋照设。

（2）附加箍筋配筋值由设计标注。

（3）附加箍筋是在主梁箍筋正常布置的基础上，另外附加的箍筋。

7.2.3　屋面框架梁 WKL 钢筋构造

本节主要是以楼层框架梁 KL 钢筋构造为基础，讲解与之不同的其他梁构件的钢筋构造中重点需要注意的构造要点。

1. 楼层框架梁与屋面框架梁的区别

KL 与 WKL 钢筋构造的主要区别：

（1）上部与下部纵筋锚固方式不同；

（2）上部与下部纵筋具体锚固长度不同；

（3）中间支座梁顶有高差时锚固不同。

2. 屋面框架梁上部纵筋端支座钢筋锚固构造

屋面框架梁上部纵筋端支座钢筋锚固构造，有两种构造做法。见表 7-2-6。

WKL 上部纵筋端支座钢筋锚固构造   表 7-2-6

识 图	构 造 要 点
	（1）屋面框架梁上部纵筋端支座无直锚构造，均需伸到柱对边下弯； （2）屋面框架梁上部纵筋伸至柱对边下弯，有两种构造：一是下弯至梁位置，二是下弯 $1.7l_{abE}$； （3）上述两种构造，根据实际情况进行选用。需要注意的是，无论选择哪种构造，相应的框架柱 KZ 柱顶构造就应与之配套

3. 屋面框架梁下部纵筋端支座钢筋锚固构造

屋面框架梁下部纵筋端支座构造，见图 7-2-21 和图 7-2-22。

图 7-2-21 顶层端节点梁下部钢筋
端头加锚头（锚板）锚固

图 7-2-22 顶层端支座梁下部钢筋直锚

4. 中间支座变截面

WKL 中间支座变截面，见图 7-2-23。

图 7-2-23 WKL 中间支座变截面钢筋构造

WKL 中间支座变截面钢筋构造要点：

若 Δ_h（梁顶高差）$/h_c \geqslant 1/6$，上部通长筋断开：

(1) 高位钢筋锚固：$h_c - c$（保护层）$+ \Delta_h$（变截面高差）$+ 15d$；

(2) 低位钢筋锚固：$\max(l_{aE}, 0.5h_c + 5d)$。

7.2.4 非框架梁 L 及井字梁 JZL 钢筋构造

1. 非框架梁 L 及井字梁 JZL 钢筋骨架

非框架梁 L 及井字梁 JZL 钢筋骨架知识体系，见图 7-2-24。

2. 上部钢筋端支座构造

上部钢筋端支座构造，见图 7-2-25。

上部钢筋端支座构造要点：

锚固长度为伸至柱对边弯折 $15d$。

3. 中间支座变截面断开锚固构造

中间支座变截面断开锚固构造，见表 7-2-7。

图 7-2-24　非框架梁 L 及井字梁 JZL 钢筋骨架

图 7-2-25　非框架梁 L 上部钢筋端支座构造

中间支座变截面断开锚固构造　　　　　　　表 7-2-7

类　　型	识　　图
支座两边纵筋互锚	
梁宽不同或错开布置	

4. 支座负筋、架立筋、下部钢筋、箍筋

支座负筋、架立筋、下部钢筋、箍筋构造，见图 7-2-26。

钢筋构造要点：

（1）支座负筋延伸长度端支座：$l_{n1}/5$（弧形梁为 $l_n/3$），中间支座：$l_{n1}/3$；

（2）l_n 取值：端支座取本跨净跨长，中间支座取相邻两跨较大的净跨长；

（3）架立筋与支座负筋搭接 150mm（弧形梁 l_l）；

（4）下部钢筋锚固：带肋钢 12d，弧形梁 l_a；

（5）箍筋没有加密区，如果端部采用不同间距的钢筋，注明根数。

图 7-2-26 支座负筋、架立筋、下部钢筋、箍筋构造

7.3 梁构件钢筋实例计算

上一节讲解了梁构件的平法钢筋构造，本节就这些钢筋构造情况举实例计算。

本小节所有构件的计算条件，见表 7-3-1。

钢筋计算条件 表 7-3-1

计 算 条 目	规定或数值
混凝土强度	C30
抗震等级	一级抗震
纵筋连接方式	对焊（除特殊规定外,本书的纵筋钢筋接头只按定尺长度计算接头个数,不考虑钢筋的实际连接位置）
钢筋定尺长度	9000mm
h_c	柱宽
h_b	梁高

7.3.1 KL 钢筋计算实例

1. 平法施工图

KL1 平法施工图，见图 7-3-1。

图 7-3-1 KL1 平法施工图

2. 钢筋计算

（1）计算参数

① 柱保护层厚度 $c=20\text{mm}$；

② 梁保护层 $=20\text{mm}$；

③ $l_{aE}=40d$；

④ 双肢箍长度计算公式：$(b-2c)\times2+(h-2c)\times2+(1.9d+10d)\times2$；

⑤ 箍筋起步距离 $=50\text{mm}$。

（2）钢筋计算过程

1）上部通长筋 2⚯22

① 判断两端支座锚固方式：

左端支座 $600\text{mm}<l_{aE}$，因此左端支座内弯锚；右端支座 $900\text{mm}>l_{aE}$，因此右端支座内直锚。

② 上部通长筋长度：

$=7000+5000+6000-300-450+(600-20+15d)+\max(40d,300+5d)$

$=7000+5000+6000-300-450+(600-20+15\times22)+\max(40\times22,300+5\times22)$

$=19040\text{mm}$

接头个数 $=19040/9000-1=2$ 个

2）支座 1 负筋 2⚯22

① 左端支座锚固同上部通长筋；跨内延伸长度 $l_n/3$

② 支座负筋长度 $=600-20+15d+(7000-600)/3$

$\qquad\qquad\qquad =600-20+15\times22+(7000-600)/3=3044\text{mm}$

3）支座 2 负筋 2⚯22

$\qquad$ 长度 $=$ 两端延伸长度 $+$ 支座宽度 $=2\times(7000-600)/3+600=4867\text{mm}$

4）支座 3 负筋 2⚯22

$\qquad$ 长度 $=$ 两端延伸长度 $+$ 支座宽度 $=2\times(6000-750)/3+600=4100\text{mm}$

5）支座 4 负筋 2⚯22

$\qquad$ 支座负筋长度 $=$ 右端支座锚固同上部通长筋 $+$ 跨内延伸长度 $l_n/3$

$\qquad\qquad\qquad =\max(40\times22,300+5\times22)+(6000-750)/3=2630\text{mm}$

6）下部通长筋 2⚯18

① 判断两端支座锚固方式：

左端支座 $600\text{mm}<l_{aE}$，因此左端支座内弯锚；右端支座 $900\text{mm}>l_{aE}$，因此右端支座内直锚。

② 下部通长筋长度：

$=7000+5000+6000-300-450+(600-20+15d)+\max(40d,300+5d)$

$=7000+5000+6000-300-450+(600-20+15\times18)+\max(40\times18,300+5\times18)$

$=18820\text{mm}$

接头个数 $=18820/9000-1=2$ 个

7）箍筋长度

箍长度$=(b-2c)\times2+(h-2c)\times2+(1.9d+10d)\times2$
$\qquad=(200-2\times20)\times2+(500-2\times20)\times2+2\times11.9\times8=1431mm$

8）每跨箍筋根数

① 箍筋加密区长度$=2\times500=1000mm$

② 第一跨$=21+21=42$ 根

$\qquad$ 加密区根数$=2\times[(1000-50)/100+1]=21$ 根

$\qquad$ 非加密区根数$=(7000-600-2000)/200-1=21$ 根

③ 第二跨$=21+11=32$ 根

$\qquad$ 加密区根数$=2\times[(1000-50)/100+1]=21$ 根

$\qquad$ 非加密区根数$=(5000-600-2000)/200-1=11$ 根

④ 第三跨$=21+16=37$ 根

$\qquad$ 加密区根数$=2\times[(1000-50)1100+1]=21$ 根

$\qquad$ 非加密区根数$=(6000-750-2000)/200-1=16$ 根

⑤ 总根数$=42+32+37=111$ 根

7.3.2 WKL 钢筋计算实例

1. 平法施工图

WKL1 平法施工图，见图 7-3-2。

图 7-3-2 WKL1 平法施工图

2. 钢筋计算

（1）计算参数

① 柱保护层厚度 $c=20mm$；

② 梁保护层$=20mm$；

③ $l_{aE}=40d$；

④ 双肢箍长度计算公式：$(b-2c)\times2+(h-2c)\times2+(1.9d+10d)\times2$；

⑤ 箍筋起步距离$=50mm$；

⑥ 锚固方式：采用"梁包柱"锚固方式。

（2）钢筋计算过程

1）上部通长筋 2Φ18

① 按梁包柱锚固方式，两端均伸至端部下弯 $1.7l_{aE}$

② 上部通长筋长度：

$=7000+5000+6000+300+450-40+2\times1.7l_{aE}$

$=7000+5000+6000+300+450-40+2\times1.7\times40\times18$

$=21158mm$

③ 接头个数$=21158/9000-1=2$ 个

2）支座 1 负筋上排 2Φ18 下排 2Φ18

① 上排支座负筋长度$=1.7l_{aE}+(7000-600)/3+600-20$

$=1.7\times40\times18+(7000-600)/3+600-20=3937mm$

② 下排支座负筋长度$=1.7l_{aE}+(7000-600)/4+600-20$

$=1.7\times40\times18+(7000-600)/4+600-20=3404mm$

3）支座 2 负筋上排 2Φ18 下排 2Φ18

① 上排支座负筋长度$=2\times(7000-600)/3+600=4867mm$

② 下排支座负筋长度$=2\times(7000-600)/4+600=3800mm$

4）支座 3 负筋上排 2Φ18 下排 2Φ18

① 上排支座负筋长度$=2\times(6000-750)/3+600=4100mm$

② 下排支座负筋长度$=2\times(6000-750)/4+600=3225mm$

5）支座 4 负筋上排 2Φ18 下排 2Φ18

① 上排支座负筋长度$=1.7l_{aE}+(6000-750)/3+900-20$

$=1.7\times40\times18+(6000-750)/3+900-20=3671mm$

② 下排支座负筋长度$=1.7l_{aE}+(6000-750)/4+900-20$

$=1.7\times40\times18+(6000-750)/4+900-20=3233mm$

6）下部通长筋 4Φ22

① 上部通长筋长度$=7000+5000+6000+300+450-40+2\times15d$

$=7000+5000+6000+300+450-40+2\times15\times22=19370mm$

② 接头个数$=19370/9000-1=2$ 个

7）箍筋长度（4 肢箍）

① 外大箍筋长度$=(200-2\times20)\times2+(500-2\times20)\times2+2\times11.9\times8$

$=1431mm$

② 内小箍筋长度$=2\times\{[(200-50)/3+20]+(500-40)\}+2\times11.9\times8$

$=1251mm$

8）每跨箍筋根数

① 箍筋加密区长度$=2\times500=1000mm$

② 第一跨$=21+21=42$ 根

$$加密区根数=2×[(1000-50)/100+1]=21\ 根$$

$$非加密区根数=(7000-600-2000)/200-1=21\ 根$$

③ 第二跨=21+11=32 根

$$加密区根数=2×[(1000-50)/100+1]=21\ 根$$

$$非加密区根数=(5000-600-2000)/200-1=11\ 根$$

④ 第三跨=21+16=37 根

$$加密区根数=2×[(1000-50)/100+1]=21\ 根$$

$$非加密区根数=(6000-750-2000)/200-1=16\ 根$$

⑤ 总根数=42+32+37=111 根

7.3.3　L 钢筋计算实例

1. 平法施工图

L1 平法施工图，见图 7-3-3。

图 7-3-3　L1 平法施工图

2. 钢筋计算

（1）计算参数

① 梁保护层=20mm；

② $l_a=40d$；

③ 双肢箍长度计算公式：$(b-2c)×2+(h-2c)×2+(1.9d+10d)×2$；

④ 箍筋起步距离=50mm。

（2）钢筋计算过程

1）上部钢筋 2Φ25

上部钢筋长度=5000+300-40+2×15d=5000+300-40+2×15×25=6010mm

2）下部钢筋 2Φ25

上部钢筋长度=5000-300+2×12d=5000-300+2×12×25=5300mm

3）箍筋长度（双肢箍）

① 箍筋长度=$(200-2×20)×2+(300-2×20)×2+2×11.9×8=1031$mm；

② 第一跨根数=$(2500-300-50)/200+1=12$ 根；

③ 第二跨根数=$(2500-300-50)/200+1=12$ 根。

习　题

1. 请将下表填写完整。

构件名称	楼层框架梁		框支梁		井字梁
构件代号		KBL		TZL	

2. 描述下图所示钢筋的含义。

8 板 构 件

8.1 板构件平法识图

8.1.1 《22G101》板构件平法识图学习方法

1. 板构件的分类

（1）从板所在标高位置，可以将板分为楼板和屋面板。楼板和屋面板的平法表达方式及钢筋构造相同，都简称板构件。

（2）根据板的组成形式，可以分为有梁楼盖板和无梁楼盖板。

无梁楼盖板是由柱直接支撑板的一种楼盖体系，在柱与板之间根据情况设计柱帽。

（3）根据板的平面位置，可以将板分为普通板、悬挑板。

2. 板构件平法识图知识体系

板构件的制图规则，知识体系如图 8-1-1 所示。

8.1.2 有梁楼盖板平法识图

1. 板构件的平法表达方式

板构件的平法表达方式为平面表达方式，与梁构件不同，梁构件分为平面注写和截面注写两种平法表达方式。

板构件的平面表达方式，就是在板平面布置图上，采用平面注写的方式，直接标注板构件的各数据项。具体标注时，按"板块"分别标注其集中标注和原位标注的数据项。

板构件的平面表达方式，见图 8-1-2。

x 向和 y 向的确定：

（1）当两向轴网正交布置时，图面从左至右为 x 向，从下至上为 y 向；

（2）当轴网转折时，局部坐标方向顺轴网转折角度做相应转折；

（3）当轴网向心布置时，切向为 x 向，径向为 y 向。

此外，对于平面布置比较复杂的区域，如轴网转折交界区域、向心布置的核心区域等，其平面坐标方向应由设计者另行规定并在图上明确表示。

2. 集中标注识图

有梁楼盖板的集中标注，按"板块"进行划分，就类似前面章节讲解筏形基础时的

图 8-1-1 板构件平法识图知识体系

图 8-1-2 板平面表达方式

"板区"。"板块"的概念：对于普通楼盖，两向（x 和 y 两个方向）均以一跨为一板块；对于密肋楼盖，两向主梁（框架梁）均以一跨为一板块，见图 8-1-3。

图 8-1-3 "板块"划分

（1）集中标注的内容

有梁楼盖板的集中标注，见图 8-1-4，包括板块编号、板厚、上部贯通纵筋，下部纵筋以及当板面标高不同时的标高差。

图 8-1-4　有梁楼盖板集中标注内容

（2）板块编号识图

板块编号由"代号"＋"序号"组成，板块编号，见表 8-1-1。

<table>
<tr><th colspan="3">板块编号</th></tr>
</table>

板块编号　　　　　　　　　　　　　　　　　　　　　　　　　表 8-1-1

板　类　型	代　　号	序　　号
楼面板	LB	××
屋面板	WB	××
悬挑板	XB	××

（3）纵筋识图

板构件的纵筋，按板块的下部纵筋和上部贯通纵筋分别注写（当板块上部不设贯通纵筋时则不注），并以 B 代表下部纵筋，以 T 代表上部贯通纵筋，B&T 代表下部与上部；x 向纵筋以 X 打头，y 向纵筋以 Y 打头，两向纵筋配置相同时则以 X&Y 打头。

当为单向板时，分布筋可不必注写，而在图中统一注明。

当在某些板内（例如在悬挑板 XB 的下部）配置有构造钢筋时，则 x 向以 Xc、y 向以 Yc 打头注写。

当 y 向采用放射配筋时（切向为 x 向，径向为 y 向），设计者应注明配筋间距的定位尺寸。

当纵筋采用两种规格钢筋"隔一布一"方式时，表达为 $xx/yy@\times\times\times$，表示直径为 xx 的钢筋和直径为 yy 的钢筋间距相同，两者组合后的实际间距为 ×××。直径 xx 的钢筋的间距为 ××× 的 2 倍，直径 yy 的钢筋的间距为 ××× 的 2 倍。

板构件的纵筋，有"单层"/"双层"、"单向"/"双向"的配置方式。

【例】　B：XΦ10@150　YΦ10@180，表示双向配筋，x 向和 y 向均有底部贯通纵筋；

单层配筋，底部贯通纵筋 x 向为Φ10@150，y 向为Φ10@180，板上部未配置贯通纵筋。

【例】 B：X&Yφ10@150，表示双向配筋，x 和 y 向均有底部贯通纵筋；单层配筋，只是底部贯通纵筋，没有板顶部贯通纵筋；底部贯通纵筋 x 向和 y 向配筋相同，均为φ10@150。

【例】 B：X&Yφ10@150   T：X&Yφ10@150，表示双向配筋，底部和顶部均为双向配筋；双层配筋，既有板底贯通纵筋，又有板顶贯通纵筋；底部贯通纵筋 x 向和 y 向配筋相同，均为φ10@150；顶部贯通纵筋 x 向和 y 向配筋相同，均为φ10@150。

【例】 B：X&Yφ10@150   T：Xφ10@150，表示双层配筋，既有板底贯通纵筋，又有板顶贯通纵筋；板底为双向配筋，底部贯通纵筋 x 向和 y 向配筋相同，均为φ10@150；板顶部为单向配筋，顶部贯通纵筋 x 向为φ10@150。

3. 原位标注识图

（1）认识有梁楼盖板原位标注

有梁楼盖板原位标注为板支座原位标注。板支座原位标注的内容为：板支座上部非贯通纵筋和悬挑板上部受力钢筋。

（2）板支座上部非贯通纵筋识图

板支座原位标注的钢筋，应在配置相同跨的第一跨表达（当在梁悬挑部位单独配置时则在原位表达）。在配置相同跨的第一跨（或梁悬挑部位），垂直于板支座（梁或墙）绘制一段适宜长度的中粗实线（当该筋通长设置在悬挑板或短跨板上部时，实线段应画至对边或贯通短跨），以该线段代表支座上部非贯通纵筋，并在线段上方注写钢筋编号（如①、②等）、配筋值、横向连续布置的跨数（注写在括号内，当为一跨时可不注），以及是否横向布置到梁的悬挑端。

【例】 （××）为连续布置的跨数，（××A）为连续布置的跨数及一端的悬挑梁部位，（××B）为连续布置的跨数及两端的悬挑梁部位。

板支座上部非贯通纵筋自支座边线向跨内的伸出长度，注写在线段的下方位置。

当中间支座上部非贯通纵筋向支座两侧对称伸出时，可仅在支座一侧线段下方标注伸出长度，另一侧不注，见图 8-1-5。

图 8-1-5 板支座上部非贯通纵筋对称伸出

当向支座两侧非对称伸出时，应分别在支座两侧线段下方注写伸出长度，见图 8-1-6。

③Φ12@125
1800 | 1400

图 8-1-6 板支座上部非贯通纵筋非对称伸出

对线段画至对边贯通全跨或贯通全悬挑长度的上部通长纵筋，贯通全跨或伸出至全悬挑一侧的长度值不注，只注明非贯通纵筋另一侧的伸出长度值，见图 8-1-7。

覆盖短跨一侧的伸出长度不注   覆盖悬挑板一侧的伸出长度不注

③Φ10@100
1950

⑤Φ10@100
2000

图 8-1-7 板支座上部非贯通纵筋贯通全跨或伸出至悬挑端

当板支座为弧形，支座上部非贯通纵筋呈放射状分布时，设计者应注明配筋间距的度量位置并加注"放射分布"四字，必要时应补绘平面配筋图，见图 8-1-8。

放射配筋间距的定位尺寸

⁇×××
放射分布
⑦Φ12@150
2150

图 8-1-8 弧形支座处放射配筋

关于悬挑板的注写方式见图 8-1-9。当悬挑板端部厚度不小于 150mm 时，施工应按标准构造详图执行。当设计采用与本标准构造详图不同的做法时，应另行注明。

(a)

(b)

图 8-1-9　悬挑板支座非贯通纵筋

在板平面布置图中，不同部位的板支座上部非贯通纵筋及悬挑板上部受力钢筋，可仅在一个部位注写，对其他相同者则仅需在代表钢筋的线段上注写编号及按本条规则注写横向连续布置的跨数即可。

【例】　在板平面布置图某部位，横跨支承梁绘制的钢筋实线段上注有⑦Φ12@100（5A）和 1500，表示支座上部⑦号非贯通纵筋为Φ12@100，从该跨起沿支承梁连续布置 5 跨加梁一端的悬挑端，该筋自支座边线向两侧跨内的伸出长度均为 1500mm。在同一板平面布置图的另一部位横跨梁支座绘制的钢筋实线段上注有⑦（2）者，系表示该筋同⑦号纵筋，沿支承梁连续布置 2 跨，且无梁悬挑端布置。

此外，与板支座上部非贯通纵筋垂直且绑扎在一起的构造钢筋或分布钢筋，应由设计者在图中注明。

当板的上部已配置有贯通纵筋，但需增配板支座上部非贯通纵筋时，应结合已配置的同向贯通纵筋的直径与间距采取"隔一布一"方式配置。

"隔一布一"方式，为非贯通纵筋的标注间距与贯通纵筋相同，两者组合后的实际间距为各自标注间距的 1/2。

【例】　板上部已配置贯通纵筋Φ12@250，该跨同向配置的上部支座非贯通纵筋为⑤Φ12@250，表示在该支座上部设置的实际纵筋为Φ12@125，其中 1/2 为贯通纵筋，1/2

为⑤号非贯通纵筋（伸出长度值略）。

【例】 板上部已配置贯通纵筋Φ10@250，该跨配置的上部同向支座非贯通纵筋为③Φ12@250，表示该跨实际设置的上部纵筋为Φ10和Φ12间隔布置，两者之间间距为125mm。

4. 相关构造识图

板构件的相关构造，包括：纵筋加强带、后浇带、柱帽、局部升降板、板加腋、板开洞、板翻边、角部加强筋、悬挑板阴角附加筋、悬挑板阳角放射筋、抗冲切箍筋、抗冲切弯起筋，其平法表达方式系在板平法施工图上采用直接引注方式表达。

楼板相关构造编号，见表8-1-2。

楼板相关构造类型编号 表8-1-2

构造类型	代号	序号	说明
纵筋加强带	JQD	××	以单向加强纵筋取代原位置配筋
后浇带	HJD	××	有不同的留筋方式
柱帽	ZMx	××	适用于无梁楼盖
局部升降板	SJB	××	板厚及配筋所在板相同；构造升降高度≤300mm
板加腋	JY	××	腋高与腋宽可选注
板开洞	BD	××	最大边长或直径＜1000mm；加强筋长度有全跨贯通和自洞边锚固两种
板翻边	FB	××	翻边高度≤300mm
角部加强筋	Crs	××	以上部双向非贯通加强钢筋取代原位置的非贯通配筋
悬挑板阴角附加筋	Cis	××	板悬挑阴角上部斜向附加钢筋
悬挑板阳角放射筋	Ces	××	板悬挑阳角上部放射筋
抗冲切箍筋	Rh	××	通常用于无柱帽无梁楼盖的柱顶
抗冲切弯起筋	Rb	××	通常用于无柱帽无梁楼盖的柱顶

对板构件相关构造的识图，本节不做展开讲解，只以"纵筋加强带"为例，略为讲解，见图8-1-10。

图8-1-10 纵筋加强带JQD直接引注

8.2 现浇板（楼板/屋面板）钢筋构造

本节主要介绍板构件的钢筋构造，即板构件的各种钢筋在实际工程中可能出现的各种构造情况。按构件组成、钢筋组成，将板构件的钢筋构造情况知识体系总结为图 8-2-1 所示的内容。

板构件可分为"有梁板"和"无梁板"，本书主要讲解有梁板板构件中的主要钢筋构造。

图 8-2-1 板构件钢筋构造知识体系

8.2.1 板底筋钢筋构造

1. 端部锚固构造及根数构造

板底筋端部锚固构造，见表 8-2-1。

| | 板底筋端部锚固构造 | 表 8-2-1 |

类 型	识 图	钢筋构造要点
普通楼屋面板	≥5d 且至少到梁中线	≥5d 且至少到支座中线

类 型	识 图	钢筋构造要点
梁板式转换层的楼面板		端部支座的直锚长度≥$0.6l_{abE}$
端部支座为剪力墙中间层		≥$5d$ 且至少到支座中线 括号内的数值用于梁板式转换层的板。当板下部纵筋直锚长度不足时,可弯锚见下图 ≥$0.4l_{abE}$
端部支座为剪力墙墙顶		≥$5d$ 且至少到支座中线
板底筋为一级光圆钢筋		板底筋若为一级光圆钢筋,两端加180°弯钩,弯钩长度=$6.25d$(板底筋为受拉钢筋)

2. 中间支座锚固构造

板底筋中间支座锚固构造，见表 8-2-2。

板底筋中间支座锚固   表 8-2-2

钢筋构造要点	识　图
端部支座和中间支座锚固相同： 梁、剪力墙、砌体墙的圈梁：≥5d 且至少到支座中线； 砌体墙：≥120mm，≥h，≥墙厚/2	
(1)板底筋按"板块"分别锚固，没有板底贯通筋； (2)一级光圆钢筋两端加180°弯钩（板底筋为受拉钢筋）	

3. 悬挑板底部构造筋构造

延伸悬挑板底部构造钢筋，见表 8-2-3。

延伸悬挑板底部构造钢筋   表 8-2-3

钢筋构造要点	识　图
延伸悬挑板底部钢筋构造锚入支座≥12d 且至少到支座中心线	

钢筋构造要点	识　图
延伸悬挑板底部钢筋构造锚入支座≥12d 且到支座中心线	

8.2.2　板顶筋钢筋构造

1. 端部锚固构造及根数构造

板顶筋端部锚固构造，见表 8-2-4。

板顶筋端部锚固构造　　　　　　　　　　　　　　　表 8-2-4

类　　型	识　图	钢筋构造要点
普通楼屋面板	设计按铰接时：≥0.35l_ab 充分利用钢筋的抗拉强度时：≥0.6l_ab 外侧梁角筋 15d 在梁角筋内侧弯钩	板顶筋在梁角筋内侧弯折 15d
梁板式转换层的楼面板	外侧梁角筋　≥0.6l_abE 15d 在梁角筋内侧弯钩	板顶筋在梁角筋内侧弯折 15d
端部支座为剪力墙中间层	墙外侧竖向分布筋 ≥0.4l_ab（≥0.4l_abE） 15d 伸至墙外侧水平分布筋内侧弯钩 墙外侧水平分布筋	板顶筋在墙内侧弯折 15d 括号内的数值用于梁板式转换层的板

类　　型	识　　图	钢筋构造要点
端部支座为剪力墙墙顶（板端按铰接设计时）	伸至墙外侧水平 分布筋内侧弯钩 ≥0.35l_{ab} 15d 墙外侧水平 分布筋	板顶筋在墙内侧弯折 15d
端部支座为剪力墙墙顶（板端上部纵筋按充分利用钢筋的抗拉强度时）	伸至墙外侧水平 分布筋内侧弯钩 ≥0.6l_{ab} 15d 墙外侧水平 分布筋	板顶筋在墙内侧弯折 15d
端部支座为剪力墙墙顶（搭接连接）	l_l 15d 且伸至板底 墙外侧水平 分布筋	在断点位置低于板底，搭接长度为 l_l，弯折水平段长度为 15d

2. 板顶贯通筋中间连接（相邻跨配筋相同）

板顶贯通筋中间连接构造，见图 8-2-2。

图 8-2-2　板顶贯通筋中间连接构造（相邻跨配筋相同）

板顶贯通筋中间连接钢筋构造要点：

（1）板顶贯通筋的连接区域为跨中 $l_n/2$（l_n 为相邻跨较大跨的轴线尺寸）；

（2）预算时，一般按定尺长度计算接头。

3. 板顶贯通筋中间连接（相邻跨配筋不同）

板顶贯通筋中间连接构造，见图 8-2-3。

图 8-2-3　板顶贯通筋中间连接构造（相邻跨配筋不同）

板顶贯通筋中间连接钢筋构造要点：

相邻两跨板顶贯通筋配筋不同时，配筋较大的伸至配置较小的跨中 $l_n/3$ 范围内连接。

4. 延伸悬挑板顶部构造筋构造

延伸悬挑板顶部构造钢筋，见表 8-2-5。

延伸悬挑板顶部构造钢筋

表 8-2-5

钢筋构造要点	识　图
（1）延伸悬挑板板顶受力筋由跨内板顶筋直接延伸到悬挑端； （2）延伸悬挑板板顶受力筋的分布筋详见设计标注	

8.2.3 支座负筋构造

中间支座负筋一般构造，见图 8-2-4。

图 8-2-4 中间支座负筋一般构造

中间支座负筋一般钢筋构造要点：

（1）中间支座负筋的延伸长度是指自支座中心线向跨内的长度；

（2）弯折长度为 $h-30$，也就是板厚减上下保护层；

（3）支座负筋分布筋：

长度：支座负筋的布置范围；

根数：从梁边起步布置。

8.2.4 其他钢筋

1. 板开洞

板开洞钢筋构造，见表 8-2-6。

板开洞钢筋构造   表 8-2-6

类型	识　图	钢筋构造要点
板中开洞		洞口补强筋： 板洞不大于 300mm 时，不设补强筋

类型	识图	钢筋构造要点
梁边或墙边开洞		洞口补强筋： 板洞不大于 300mm 时,不设补强筋
梁交角或墙角开洞		
板中开洞		洞口补强筋： 大于 300mm 但不大于 1000mm 时,洞边增加补强筋,规格和长度按设计标注;设计未注明时,按不小于 12mm 且不小于洞边被截断的纵筋的 50% 配置
梁边或墙边开洞		

2. 温度筋、悬挑阴角补充加强筋

温度筋、悬挑阴角补充加强筋构造要点：

（1）温度筋：当板跨度较大，板厚较厚，却没有配置板顶受力筋时，为防止板混凝土受温度变化自行开裂，在板顶部设置温度构造筋，两端与支座负筋连接。

（2）温度筋的设置由设计标注。

（3）悬挑阴角补充附加钢筋。

8.3 板构件钢筋实例计算

上一节讲解了板构件的平法钢筋构造，本节就这些钢筋构造情况举实例计算。

本小节所有构件的计算条件，见表 8-3-1。

钢筋计算条件　　　　　　　　　　　　　表 8-3-1

计算条目	规定或数值
抗震等级	一级抗震
混凝土强度	C30
纵筋连接方式	板顶筋:绑扎搭接 板底筋:分跨锚固
钢筋定尺长度	9000mm

8.3.1 板底筋计算实例

1. 平法施工图

LB1 平法施工图，见图 8-3-1。

图 8-3-1　LB1 平法施工图

2. 钢筋计算

(1) 计算参数

① 板保护层厚度 $c = 15\text{mm}$;

② 梁保护层 $= 20\text{mm}$;

③ 起步距离 $= 1/2$ 钢筋间距。

(2) 钢筋计算过程

1) B-C 轴

① Xϕ8@150

$$\text{端支座锚固长度} = \max(h_b/2, 5d) = \max(200, 5 \times 8) = 200\text{mm}$$

$$180°\text{弯钩长度} = 6.25d$$

$$\text{总长} = \text{净长} + \text{端支座锚固} + \text{弯钩长度} = 3500 - 400 + 2 \times 200 + 2 \times 6.25 \times 8 = 3600\text{mm}$$

$$\text{根数} = (\text{钢筋布置范围长度} - \text{起步距离})/\text{间距} + 1$$

$$= (3000 - 400 - 150)/150 + 1 = 18 \text{ 根}$$

② Yϕ8@200

$$\text{端支座锚固长度} = \max(h_b/2, 5d) = \max(200, 5 \times 8) = 200\text{mm}$$

$$180°\text{弯钩长度} = 6.25d$$

$$\text{总长} = \text{净长} + \text{端支座锚固} + \text{弯钩长度} = 3000 - 400 + 2 \times 200 + 2 \times 6.25 \times 8 = 3100\text{mm}$$

$$\text{根数} = (\text{钢筋布置范围长度} - \text{起步距离})/\text{间距} + 1$$

$$= (3500 - 400 - 2 \times 100)/200 + 1 = 16 \text{ 根}$$

2) A-B 轴

① Xϕ8@150

$$\text{端支座锚固长度} = \max(h_b/2, 5d) = \max(200, 5 \times 8) = 200\text{mm}$$

$$180°\text{弯钩长度} = 6.25d$$

$$\text{总长} = \text{净长} + \text{端支座锚固} + \text{弯钩长度} = 3500 - 400 + 2 \times 200 + 2 \times 6.25 \times 8 = 3600\text{mm}$$

$$\text{根数} = (\text{钢筋布置范围长度} - \text{起步距离})/\text{间距} + 1$$

$$= (3000 - 400 - 150)/150 + 1 = 18 \text{ 根}$$

② Yϕ8@200

$$\text{端支座锚固长度} = \max(h_b/2, 5d) = \max(200, 5 \times 8) = 200\text{mm}$$

$$180°\text{弯钩长度} = 6.25d$$

$$\text{总长} = \text{净长} + \text{端支座锚固} + \text{弯钩长度} = 3000 - 400 + 2 \times 200 + 2 \times 6.25 \times 8 = 3100\text{mm}$$

$$\text{根数} = (\text{钢筋布置范围长度} - \text{起步距离})/\text{间距} + 1$$

$$= (3600 - 400 - 2 \times 100)/200 + 1 = 16 \text{ 根}$$

8.3.2 板顶筋计算实例

1. 平法施工图

LB2 平法施工图,见图 8-3-2,其中四周梁宽 300mm。

图 8-3-2　LB2 平法施工图

2. 钢筋计算

（1）计算参数

① 板保护层厚度 $c=15mm$；

② 梁保护层＝20mm；

③ 起步距离＝1/2 钢筋间距。

（2）钢筋计算过程

1）X ϕ 8@200

① 端支座锚固长度＝30d＝30×8＝240mm

　　　　总长＝净长＋端支座锚固＝3600＋2×7200－300＋2×300＝18300mm

　　　　　　接头个数＝18300/9000－1＝2 个

② 根数＝（钢筋布置范围长度－两端起步距离）/间距＋1

　　　＝（2000－300－2×100）/200＋1＝9 根

2）Y ϕ 8@200

① 端支座锚固长度＝30d＝30×8＝240mm

　　　　总长＝净长＋端支座锚固＝2000－300＋2×300＝2300mm

　　　　　　接头个数＝18300/9000－1＝2 个

② 根数＝（钢筋布置范围长度－两端起步距离）/间距＋1

　　　　　　1-2 轴＝（3600－300－2×100）/200＋1＝17 根

　　　　　　2-3 轴＝（7200－300－2×100）/200＋1＝35 根

　　　　　　3-4 轴＝（7200－300－2×100）/200＋1＝35 根

8.3.3　支座负筋计算实例

1. 中间支座负筋

（1）平法施工图

中间支座负筋平法施工图，见图 8-3-3，其中四周梁宽 300mm，图中未注明分布筋为 ϕ 6@200。

（2）钢筋计算

1）计算参数

图 8-3-3 中间支座负筋

① 板保护层厚度 $c=15$mm；

② 梁保护层$=20$mm；

③ 起步距离$=1/2$钢筋间距。

2) 钢筋计算过程

A. ①号支座负筋

$$弯折长度=h-15=100-15=85mm$$

$$总长度=平直段长度+两端弯折=2\times1000+2\times85=2170mm$$

$$根数=(布置范围净长-两端起步距离)/间距+1$$

$$=(3000-300-2\times75)/150+1=18\ 根$$

B. ①号支座负筋的分布筋

$$负筋布置范围长=3000-300=2700mm$$

$$单侧根数=(1000-150)/200+1=6\ 根$$

两侧共 12 根。

图 8-3-4 端支座负筋平法施工图

2. 端支座负筋

（1）平法施工图

端支座负筋平法施工图，见图 8-3-4，其中四周梁 300mm×500mm，图中未注明分布筋为 φ6@200。

（2）钢筋计算

1) 计算参数

① 板保护层厚度 $c=15$mm；

② 梁保护层$=20$mm；

③ 起步距离$=1/2$钢筋间距。

2) 钢筋计算过程

A. ②号支座负筋

$$弯折长度 = h - 15 = 100 - 15 = 85mm$$

$$总长度 = 平直段长度 + 两端弯折 = 800 + 150 - 15 + 2 \times 85 = 1105mm$$

$$根数 = (布置范围净长 - 两端起步距离)/间距 + 1$$

$$= (6000 - 300 - 2 \times 50)/100 + 1 = 57 根$$

B. ②号支座负筋的分布筋

$$负筋布置范围长 = 6000 - 300 = 5700mm$$

$$单侧根数 = (800 - 150)/200 + 1 = 4 根$$

3. 跨板支座负筋

(1) 平法施工图

跨板支座负筋平法施工图,见图 8-3-5,其中四周梁 300mm×500mm,图中未注明分布筋为 φ6@200。

图 8-3-5　跨板支座负筋平法施工图

(2) 钢筋计算

1) 计算参数

① 板保护层厚度 $c = 15mm$;

② 梁保护层 $= 20mm$;

③ 起步距离 $= 1/2$ 钢筋间距。

2) 钢筋计算过程

A. ①号支座负筋

$$弯折长度 = h - 15 = 100 - 15 = 85mm$$

$$总长度 = 平直段长度 + 两端弯折 = 3000 + 2 \times 800 + 2 \times 85 = 4770mm$$

$$根数 = (布置范围净长 - 两端起步距离)/间距 + 1$$

$$= (3000 - 300 - 2 \times 50)/100 + 1 = 27 根$$

B. ①号支座负筋的分布筋

$$负筋布置范围长 = 3000 - 300 = 2700mm$$

$$单侧根数 = (800 - 150)/200 + 1 = 4 根$$

$$中间根数＝(3000-300-100)/200+1＝14\ 根$$
$$总根数＝8+14＝22\ 根$$

习 题

1. 请将下表填写完整。

构件名称	楼面板		柱上板带		悬挑板阴角附加筋	
构件代号		XB		BD		Ces

2. LB5　$h＝100$

　　B：XΦ12@120；YΦ10@110 的含义是什么？

3. ZSB2（4A）　　$h＝300$　$b＝3000$

　　B：Φ16@100；T：Φ18@200 的含义是什么？

参 考 文 献

［1］ 中国建筑标准设计研究院. 22G101-1混凝土结构施工图平面整体表示方法制图规则和构造详图（现浇混凝土框架、剪力墙、梁、板）［S］. 北京：中国计划出版社，2022.

［2］ 中国建筑标准设计研究院. 22G101-2混凝土结构施工图平面整体表示方法制图规则和构造详图（现浇混凝土板式楼梯）［S］. 北京：中国计划出版社，2022.

［3］ 中国建筑标准设计研究院. 22G101-3混凝土结构施工图平面整体表示方法制图规则和构造详图（独立基础、条形基础、筏形基础、桩基础）［S］. 北京：中国计划出版社，2022.

［4］ 中国建筑标准设计研究院. 18G901-1混凝土结构施工钢筋排布规则与构造详图（现浇混凝土框架、剪力墙、梁、板）［S］. 北京：中国计划出版社，2018.

［5］ 中国建筑标准设计研究院. 18G901-3混凝土结构施工钢筋排布规则与构造详图（独立基础、条形基础、筏形基础、桩基础）. 北京：中国计划出版社，2018.

［6］ 中华人民共和国住房和城乡建设部. 工程结构通用规范：GB 55001—2021［S］. 北京：中国建筑工业出版社，2021.

［7］ 中华人民共和国住房和城乡建设部. 建筑与市政地基基础通用规范：GB 55003—2021［S］. 北京：中国建筑工业出版社，2021.

［8］ 中华人民共和国住房和城乡建设部. 混凝土结构通用规范：GB 55008—2021［S］. 北京：中国建筑工业出版社，2021.

［9］ 中华人民共和国住房和城乡建设部. 混凝土结构设计规范：GB 50010—2010（2015年版）［S］. 北京：中国建筑工业出版社，2010.

［10］ 中华人民共和国住房和城乡建设部. 建筑抗震设计规范：GB 50011—2010［S］. 北京：中国建筑工业出版社，2010.

［11］ 中华人民共和国住房和城乡建设部. 建筑结构制图标准：GB/T 50105—2010［S］. 北京：中国建筑工业出版社，2010.

［12］ 上官子昌. 平法钢筋识图与计算细节详解［M］. 北京：机械工业出版社，2011.